戴月轩湖笔

非物质文化遗产丛书

Intangible Cultural Heritage Series

陈培新　王后显　白文冲　编著

北京市文学艺术界联合会　组织编写

北京出版集团
北京美术摄影出版社

图书在版编目（CIP）数据

戴月轩湖笔 / 陈培新，王后显，白文冲编著；北京市文学艺术界联合会组织编写. — 北京：北京美术摄影出版社，2022.9
（非物质文化遗产丛书）
ISBN 978-7-5592-0549-0

Ⅰ．①戴⋯ Ⅱ．①陈⋯ ②王⋯ ③白⋯ ④北⋯ Ⅲ．①毛笔—制造—湖州 Ⅳ．①TS951.11

中国版本图书馆CIP数据核字（2022）第172840号

非物质文化遗产丛书
戴月轩湖笔
DAIYUE XUAN HUBI
陈培新　王后显　白文冲　编著
北京市文学艺术界联合会　组织编写

出　版	北京出版集团 北京美术摄影出版社
地　址	北京北三环中路6号
邮　编	100120
网　址	www.bph.com.cn
总发行	北京出版集团
发　行	京版北美（北京）文化艺术传媒有限公司
经　销	新华书店
印　刷	雅迪云印（天津）科技有限公司
版印次	2022年9月第1版第1次印刷
开　本	787毫米×1092毫米　1/16
印　张	10.75
字　数	184千字
书　号	ISBN 978-7-5592-0549-0
定　价	68.00元

如有印装质量问题，由本社负责调换
质量监督电话　010-58572393

编委会

主　　任： 陈　宁
副 主 任： 赵世瑜　杜德久　李清霞
编　　委： (以姓氏笔画为序)
　　　　　石振怀　史燕明　刘一达　李　征　杨利慧
　　　　　哈亦琦　钟连盛　董维东

组织编写

北京市文学艺术界联合会

北京民间文艺家协会

序

PREFACE

赵 书

2005年，国务院向各省、自治区、直辖市人民政府，国务院各部委、各直属机构发出了《关于加强文化遗产保护的通知》，第一次提出"文化遗产包括物质文化遗产和非物质文化遗产"的概念，明确指出："非物质文化遗产是指各种以非物质形态存在的与群众生活密切相关、世代相承的传统文化表现形式，包括口头传统、传统表演艺术、民俗活动和礼仪与节庆、有关自然界和宇宙的民间传统知识和实践、传统手工艺技能等，以及与上述传统文化表现形式相关的文化空间。"在"保护为主、抢救第一、合理利用、传承发展"方针的指导下，在市委、市政府的领导下，非物质文化遗产保护工作得到健康、有序的发展，名录体系逐步完善，传承人保护逐步加强，宣传展示不断强化，保护手段丰富多样，取得了显著成绩。第十一届全国人民代表大会常务委员会第十九次会议通过《中华人民共和国非物质文化遗产法》。第三条中规定"国家对非物质文化遗产采取认定、记录、建档等措施予以保存，对体现中华民族优秀传统文化，具有历史、文学、艺术、科学价值的非物质文化遗产采取传承、传播等措施予以保护"。为此，在市委宣传部、组织部的大力支持下，北京市于2010年开始组织编辑出版"非物质文化遗产丛书"。丛书的作者为非物质文化遗产项目传承人以及各文化单位、科研机构、大专院校对本专业有深厚造诣的著名专家、学者。这套丛书的出版赢得了良好的社会反响，其编写具有三个特点：

第一，内容真实可靠。非物质文化遗产代表作的第一要素就是项目内容的原真性。非物质文化遗产具有历史价值、文化价值、精神价值、科学价值、审美价值、和谐价值、教育价值、经济价值等多方面的价值。之所以有这么高、这么多方面的价值，都源于项目内容的真实。这些项目蕴含着我们中华民族传统文化的最深根源，保留着形成民族文化身份的原生状态以及思维方式、心理结构与审美观念等。非遗项目是从事非物质文化遗产保护事业的基层工作者，通过走乡串户实地考察获得第一手材料，并对这些田野调查来的资料进行登记造册，为全市非物质文化遗产分布情况建立档案。在此基础上，各区、县非物质文化遗产保护部门进行代表作资格的初步审定，首先由申报单位填写申报表并提供音像和相关实物佐证资料，然后经专家团科学认定，鉴别真伪，充分论证，以无记名投票方式确定向各级政府推荐的名单。各级政府召开由各相关部门组成的联席会议对推荐名单进行审批，然后进行网上公示，无不同意见后方能列入县、区、市以至国家级保护名录的非物质文化遗产代表作。丛书中各本专著所记述的内容真实可靠，较完整地反映了这些项目的产生、发展、当前生存情况，因此有极高历史认识价值。

第二，论证有理有据。非物质文化遗产代表作要有一定的学术价值，主要有三大标准：一是历史认识价值。非物质文化遗产是一定历史时期人类社会活动的产物，列入市级保护名录的项目基本上要有百年传承历史，通过这些项目我们可以具体而生动地感受到历史真实情况,是历史文化的真实存在。二是文化艺术价值。非物质文化遗产中所表现出来的审美意识和艺术创造性,反映着国家和民族的文化艺术传统和历史,体现了北京市历代人民独特的创造力,是各族人民的智慧结晶和宝贵的精神财富。三是科学技术价值。任何非物质文化遗产都是人们在当时所掌握的技术条件下创造出来的,直接反映着文物创造者认识自然、利用自然的程度,反映着当时的科学技术与生产力的发展水平。丛书通过作者有一定学术高度的论述,使读者深刻感受到非物质文化遗产所体现出来的价值更多的是一种现存性,对体现本民族、群体的文化特征具有真实的、承续的意义。

第三,图文并茂,通俗易懂,知识性与艺术性并重。丛书的作者均是非物质文化遗产传承人或某一领域中的权威、知名专家及一线工作者,他们撰写的书第一是要让本专业的人有收获;第二是要让非本专业的人看得懂,因为非物质文化遗产保护工作是国民经济和社会发展的重要组成内容,是公众事业。文艺是民族精神的火烛,非物质文化遗产保护工作是文化大发展、大繁荣的基础工程,越是在大发展、大变动的时代,越要坚守我们共同的精神家园,维护我们的民族文化基因,不能忘了回家的路。为了提高广大群众对非物质文化遗产保护工作重要性的认识,这套丛书对各个非遗项目在文化上的独特性、技能上的高超性、发展中的传承性、传播中的流变性、功能上的实用性、形式上的综合性、心理上的民族性、审美上的地域性进行了学术方面的分析,也注重艺术描写。这套丛书既保证了在理论上的高度、学术分析上的深度,同时也充分考虑到广大读者的愉悦性。丛书对非遗项目代表人物的传奇人生,各位传承人在继承先辈遗产时所做出的努力进行了记述,增加了丛书的艺术欣赏价值。非物质文化遗产保护人民性很强，专业性也很强，要达到在发展中保护，在保护中发展的目的，还要取决于全社会文化觉悟的提高，取决于广大人民群众对非物质文化遗产保护重要性的认识。

编写"非物质文化遗产丛书"的目的，就是为了让广大人民了解中华民族的非物质文化遗产，热爱中华民族的非物质文化遗产，增强全社会的文化遗产保护、传承意识，激发我们的文化创新精神。同时，对于把中华文明推向世界，向全世界展示中华优秀文化和促进中外文化交流均具有积极的推动作用。希望本套图书能得到广大读者的喜爱。

2012 年 2 月 27 日

序

PREFACE

陈培新　王后显　白文冲

笔者,所以立信、传真、寄情之具也。心正则笔正,古之至言也。

夫铭功纪实,发乎毫末,启智立言,寄于寸管。非信不可以立。而文典制诰,合于法度,诗咏歌叹,始出胸臆。非真不可以传。至于点染飞白,传神写意,情动于中,逸飞形外,岂可造作虚妄,以伪夺真?

故管逾三寸,运之唯慎,毫发万端,下必有由。存真守信,心手如一,此君子之所本,亦用笔之道也。

或问:笔之存世,历千余年矣,岂无虚乎?

曰:汹汹然多矣。色厉行诡之徒,欺世邀宠之状,虽扑决叱恶无绝。故执笔必先去污秽,挥运须明辨妍媸。群居不倚,独立不惧,得之心而寓之笔,合于道而行于言。非此,不足与言竹木狐兔之属,遑论精工巧匠之功!

理千毫而约一束,树十年以荐一支。聚天地之灵,集百工之心;名戴月之号,成君子之器。其行也,一言以成法,新天下耳目;其藏也,江湖入春色,养浩然正气。东坡论功业,出黄州惠州儋州之叹;屈子行水畔,有山鬼落英美人之哭。行藏之用,取诸怀抱;悲喜之际,尽付毫楮。笔之可宝者,莫外于此耳!

前言
FOREWORD

中国毛笔制作工艺历史悠久,世代相传。它是中国文化遗产的重要组成部分,是书写记载中华民族历史文化和艺术成就的重要工具。

笔、墨、纸、砚并称为文房四宝,是古代中国区别于西方国家而独有的书写和绘画工具,是中国书画文化及诸多相关艺术得以实现的重要载体,也是中国悠久灿烂文化的代表。从古至今,毛笔的作用功不可没。毛笔制作技艺的发展完备更是促进了其他手工技艺的发展。当代湖笔制作业繁荣,戴月轩作为当今湖笔制作行业的龙头企业,不得不提。

中华老字号戴月轩的前身为戴月轩湖笔店,创建于1916年。戴月轩是北京一家著名老字号,其湖笔制作技艺起源于湖州善琏镇,植根于北京琉璃厂街,伴随着琉璃厂街走过100个春秋,深受老北京文化的影响。戴月轩百年沿袭"前店后厂"的经营模式,遵循先师制笔之古训,以制笔技艺闻名京城,所制毛笔具备"提而不散,铺下不软,笔锋尖锐,刚柔兼备"的特点,深受书画界同人的认可。

戴月轩最初以其湖笔而闻名遐迩,现在经营范围已涉及文房四宝、金石篆刻以及名人字画等。它以开放式的制笔作坊为平台，向世人展示了传统的湖笔制作技艺。戴月轩湖笔制作技艺是以羊毛、狼毫等动物毛为原料进行制作，经过设计、选料、拔毛、脱脂、水盆、结头、蒲墩、笔套、择笔、抹笔、刻字等上百道工序，形成了戴月轩独特的湖笔制作风格。2007年6月，戴月轩湖笔制作技艺被列入北京市级非物质文化遗产保护项目。现有北京市级代表性传承人1名，西城区级代表性传承人2名。

戴月轩从自身发展做起，拓展商品种类，加强品牌建设，注重品牌保护，发展品牌文化，创新经营理念，传承非遗技艺并加大非遗梯队人才的培养，让自身焕发新的活力。

戴月轩用百年的历史很好地诠释了"传承与发展"这5个字。在制笔过程中体现技法的传承、文化的传承。在传承过程中不断改进、创新，适应现阶段市场的需求。

本书以翔实的内容，图文并茂，全面系统地记录了毛笔的起源及发展，不同历史时期毛笔出现的实物佐证，各时期制笔业的发展变化，毛笔适应文字发展中的变革以及制笔名家的制笔故事等，使读者可以对古今毛笔的演变及文字发展有清晰的认知。

重点篇幅讲述京城制笔名店戴月轩，从创建之初的三间小门脸逐步发展成为具有百年历史的中华老字号的艰辛历程，戴月轩店与文化名人发生的感人事件以及创始人戴斌颇具传奇色彩的一生。戴斌先生穷其一生融合南北派制笔技法，独创加健技法，以以师带徒的传承模式，口传身授，亲传弟子，使戴月轩湖笔技艺历经五代人薪火相传，长盛不衰，传续到当代戴月轩传承人王后显老师，并逐步完善成为非物质文化遗产保护项目。戴月轩湖笔制作技艺传承谱系清晰详尽，每代传承人都有着自己独到的制笔理念，不断赋予湖笔新的生命。

戴月轩湖笔制作技艺发展已逾百年，时过境迁，工艺依旧。上百道工序，制作繁复，从中能感受到"千万毫中拣一毫"的严谨技术要求。百余道操作都要一丝不苟。"毫虽轻，功甚重"。这便是戴月轩制笔技艺的精妙所在和与众不同之处。

全书对戴月轩的历史缘起、创建背景、现状和发展、服务理念、经营方式、品牌表现形式、品牌特色和价值、品牌技艺制作过程都进行了全面阐述，对传承人、传承谱系及创新与发展等进行了全方位展示，充分体现其社会价值、文化价值及市场价值，彰显其重要的文化地位及特殊的魅力。戴月轩湖笔制作技艺的传承与发展，对于继承、发扬中华优秀传统文化具有积极意义。

最后，本书介绍了戴月轩百年制笔过程中几款经典毛笔，以供读者鉴赏。有的毛笔已有百年历史，保存依然完好，并作为见证者，记录着新中国的伟大历史事件……每一款毛笔都有一段尘封的故事，有待读者来解读。

目录 CONTENTS

序　　赵书
序　　陈培新　王后显　白文冲
前言

第一章　毛笔文化概述　1

第一节　毛笔的起源与发展　2
第二节　毛笔的构造　15
第三节　书写工具的文化价值　19

第二章　戴月轩的百年传承　23

第一节　戴月轩的前世今生　24
第二节　戴月轩的品牌价值　33
第三节　戴月轩的历史贡献与创新思考　44

第三章
戴月轩湖笔制作技艺 —— 53

第一节　戴月轩湖笔制作技艺概说　54
第二节　主要制作工艺　62

第四章
制作技艺的传承 —— 79

第一节　传承谱系　80
第二节　老一辈传承人　84
第三节　现今主要传承人　88
第四节　戴月轩湖笔制作技艺的发展现状　100
第五节　技艺的保护价值　103
第六节　戴月轩湖笔制作技艺的保护与传承　105

第五章
社会责任的延续 —— 119

第一节　文人墨客的青睐　120
第二节　前店后厂模式　124
第三节　传承与创新　127
第四节　未来发展思路　130
第五节　非遗传承的星星之火　136

第六章
作品赏析 —— 141

参考书目 150

后记 151

第一章 毛笔文化概述

第一节　毛笔的起源与发展
第二节　毛笔的构造
第三节　书写工具的文化价值

第一节
毛笔的起源与发展

一、毛笔的起源
（一）毛笔的产生

中国毛笔产生的历史复杂而漫长。中华民族的祖先从"结绳记事"到"刻符为记"，完成了由"体物"到"记事"的书写转变。通过考古发现，在新石器时代仰韶文化遗址出土的彩陶上有用软笔描绘的纹饰，由此可以推测：早在公元前7000—前5000年，我国已经出现原始毛笔的雏形。

《甲骨学商史编》记载，从殷墟遗址出土的牛胛骨片和龟板上，发现有未经刻画而残留的朱笔文字，其笔画圆润爽利，也是由软笔书写的。由此可以证明，商代甲骨片上的文字是先书后刻。这也可以大致判定，早在商代之前，我国就已经出现了用于书写的毛笔。

古老的手工制笔行业，一直有蒙恬造笔之说。晋张华所著《博物志》中有"秦蒙恬造笔"的记载。六朝时，南梁周兴嗣所编《千字文》中亦称"恬笔伦纸"。但也有许多历史文献否定这种说法，例如《古今注》记载："牛亨问曰：'自古有书契以来，便应有笔。世称蒙恬造笔，何也？'答曰：'蒙恬始造，即秦笔耳。以柘木为管，鹿毛为柱，羊毛为被。所谓苍毫，非兔毫竹管也。'"《庄子》中有"舐笔和墨"的记载。不过，正如宋代人苏易简所说："又虑古之笔不论以竹以毛以木，但能染墨成字，即呼之为笔也。"

（二）最早的毛笔实物

殷商时代的毛笔并没有实物和著录记载，而多是考古工作者对一些出土文物进行研究，间接地推测出毛笔的存在和应用，所以很难直观地确定当时毛笔的形制。到西周时，毛笔的记载则多见于一些古籍中的字里行间。我国最早的诗歌总集《诗经》中的《静女》篇中有"静女其娈，贻我彤管。彤管有炜，说怿女美"的诗句。这里的"彤管"，就是指红色管的毛笔。这说明我国从周朝开始，人们即以彤管相赠，意寓亲近或将之作为爱情的相赠物。《后汉书》中载"女史彤管，记功书过"，再次说明彤管即毛笔。它也说明了这样一个史实：彤管在古时为宫中女官所执掌，为专门记载宫中政令及后妃的功过事宜所用。

周初《太公笔铭》中说："毫毛茂茂，陷水可脱，陷文不活。"这说明"毫毛茂茂"的毛笔，必须渍水才能书写，也说明周朝时就可以使用毛笔，并且毛笔在人们生活中发挥着重要作用。孔子在《春秋》中有"绝笔于获麟""笔则笔，削则削"之语。西汉刘向《说苑》中记载齐人王满生与周公对话时，曾"藉笔牍书之"。

1954年，考古工作者于湖南长沙左家公山战国古墓中发掘出土的毛笔，是迄今为止所能见到的最早的毛笔实物。笔管为竹质，长18.5厘米，直径0.4厘米。笔毛为兔箭毫，出锋2.5厘米，用细丝麻缠紧，包扎在笔管一端，再涂上漆汁，以防止长时间被水侵蚀脱落笔头。笔尖具有锐健的特点，弹性强，蓄墨较少，不易多写。因发掘地在长沙，当时属楚国，故这支笔被命名为"楚笔"。

这支笔用实物证明了毛笔在当时人们的生活中已成为一种重要的书写工具，为我国的毛笔发明史提供了一个非常重要的证据。此后，在湖北江陵、河南信阳等地楚墓中，陆续有战国时期的毛笔出土。

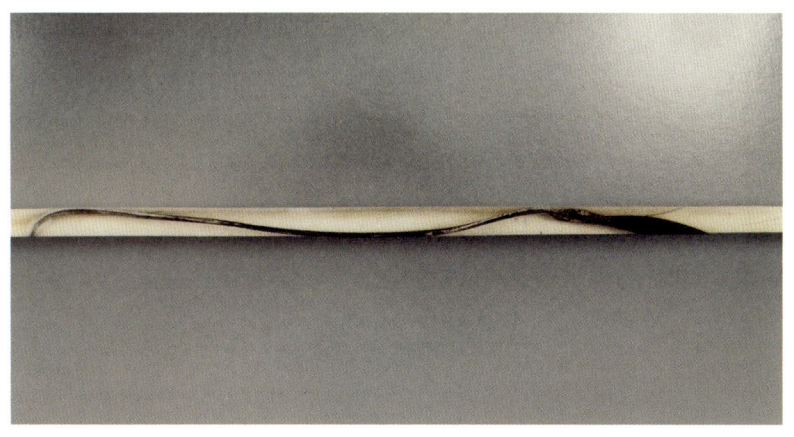

◎ 战国时期的毛笔实物 ◎

当时，由于各诸侯国割据称雄，其文字各不相同，对书写工具的称呼亦不尽统一。东汉许慎的《说文解字》中说："聿：所以书也。楚谓之聿，吴谓之不律，燕谓之弗。"到秦始皇统一六国后才统一称之为"笔"。

既然早在秦以前就已经有了毛笔，蒙恬的贡献或许是他对笔头形式的改进。秦笔中有的是将笔管端部凿成一腔将笔头藏纳其中，还有的是将整支笔纳入一个与之等长的细竹筒中。这些都是对毛笔制作技术的重大改革。不要小看毛笔的这一小变化，这可是中华文明进步的一大标志。

秦以后，汉代经济文化空前兴盛，毛笔的使用更加广泛，已成为不可或缺的文化用品。东汉蔡邕《笔赋》中记述了汉代毛笔的制作方法："惟其翰之所生，于季冬之狡兔。性精亟以摽悍，体遄迅以骋步。削文竹以为管，加漆丝之缠束。形调抟以直端，染玄墨以定色。画乾坤之阴阳，赞三皇之洪勋……"。其中，谈到当时制笔所用冬季兔毫，用丝线捆扎，以竹为管，用漆汁黏结。据说汉代书法家钟繇、张芝等都使用鼠须笔写字，说明汉笔多用硬毫，可能与当时多在竹简、木牍上书写

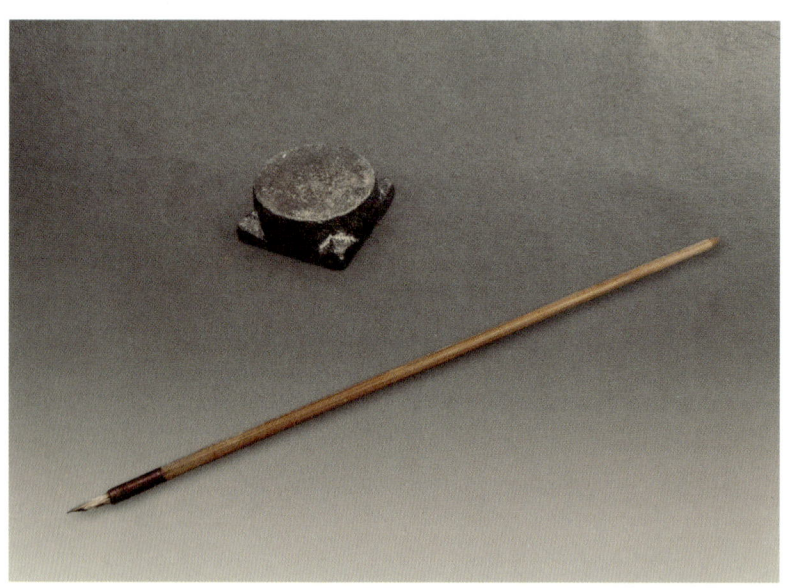

◎ 西汉时期的毛笔实物 ◎

有关。

出土的汉代毛笔中，笔管以竹质为主，但也有不少是木质的。1931年，在西北居延地区出土的一支毛笔，笔管为木质，据考证其年代大致为西汉末年或东汉初年。西北地区不用竹管而用木质笔管如同当地不用竹简而用木牍一样，可能与当地缺乏竹料有关。

汉代毛笔不仅强调笔头的质量，而且开始追求毛笔外观的华丽。据《西京杂记》记载："天子笔管，以错宝为跗，毛皆以秋兔之毫，官师路扈为之。以杂宝为匣，厕以玉璧翠羽，皆直百金。"可见古人不仅强调毛笔的使用性能，也注重其器物之美。

二、制笔业的早期发展

古代毛笔制作流派纷呈，主要有宣笔、湖笔以及湘笔等。最好的毛笔以宣笔为宗。古代毛笔的产生是中国文化发展的关键所在，没有毛笔也就没有书法和绘画艺术的产生和兴起。这一点已是学界的共识。中国许多艺术形态中都有毛笔的影子。毛笔在中国文化发展史上的意义不言而喻。

毛笔的形体变化大致可以分为四个阶段：战国时期以前的工艺比较简单，汉朝工具有了进步，六朝到唐以缠纸法为主，宋元以后主要为散卓笔。毛笔的形制一直处于不断变化和完善的过程中。

（一）汉代制笔业兴起

汉代由于造纸术的发明，毛笔的应用日益广泛，需求量大增。毛笔制作多以硬毫为其正宗，且多用竹管。汉代毛笔无论在笔管的用料还是保藏毛笔的方

◎ 汉代毛笔笔头用丝线捆扎 ◎

法上都有较大的改进。有的毛笔制作相当考究,并成为统治者的赐物。从战国到汉代,无论是竹质笔还是木质笔,其笔根处均用丝线捆扎缠绕。笔用秃后,便于脱卸更替新的笔头,可以一杆多用。古人所说的"退笔"就是指取下来的这种废笔头。这是理解古人"易柱不易管"之说的有力注脚。

汉代出现了一批制笔名家,当时的著名书法家、有"草圣"之称的张芝就是其中最典型的代表。"张芝笔"与"左伯纸""韦诞墨"并称于世。见于史书的制笔名家还有李仲甫、王溥等人。这些人的出现,促进了当时制笔业的兴起,一些制笔作坊不断涌现。人们还在笔的制作人和技艺归属上做文章,有的将笔工的名字或作坊的名字刻在笔管上,以标明笔的出处并炫耀制笔技法,其作用类似今天的商标和广告。

1972年,在甘肃武威49号东汉墓中,出土了一支毛笔,竹管中空,上尖下圆,长21.9厘米,笔管径宽0.6厘米,笔尖长1.6厘米。笔头纳入笔管前端凿孔处。黑紫色硬毛,外覆黄褐色短毛,笔芯根部仍残留墨迹。这和《古今注》中所说的兼毫笔极为相似。管外扎细丝线并涂漆,笔管中部以隶书明刻"白马作"三字,可能为当时制笔名匠或制笔作坊的刻记。这支笔被称"白马作"毛笔,为我国至今发现的最早的刻有名号的毛笔。此毛笔的制作方法同秦笔形制无别,其长度较为一致,正合汉尺一尺(汉一尺约合23厘米),也和王充《论衡》中所说"尺之笔"相

◎ 汉代"白马作"毛笔 ◎

吻合。从中也可以看出，汉时在毛笔的制作上，已经有了统一的长度规范。其笔管大都是尾部削尖。"白马作"毛笔出土时，尖部位于墓主人头部左侧，应该是原来簪于头上的。汉代官员为了奏事或记言方便，会将笔管尖端部分插入发束中或冠上，以备随时取用。这种携带、放置毛笔的方法，就叫作"簪"。一般是簪白笔。"白笔"就是指没有蘸过墨的新毛笔。汉代"簪白笔"已普遍流行。汉代的制笔业也相当普遍，民间出现了以制笔为业和经营毛笔的生意。

到了汉代，隶书取代了篆书，占据了书体的主要地位，特别是在东汉时期，隶书较为成熟，进入繁荣阶段，使当时书坛上出现了百花齐放的新局面。之后在此基础上又开创了一种新的书体章草。章草充分利用毛笔"柔"的特点，使笔法草率简捷，笔画连缀萦带，通过艺术加工，形成了一种独特风格和艺术价值的书体，至今仍为人们所效仿。

除书法艺术在汉代得到巨大发展，研究书法艺术、论述毛笔制作的理论著录也有所增多。蔡邕《笔赋》就是专门论述当时毛笔制作方法的代表作，对当时的制笔生产和后世制笔业的发展都有很大的影响。

（二）书法艺术走向成熟

魏晋南北朝是我国书法艺术走向成熟并取得巨大成就的时期，毛笔制作也取得了重大进步。主要表现为制笔技术更加规范和完善，毛笔种类增多，能适应不同的书法需要。三国时期魏国书法家韦诞（字仲将）以制墨闻名当时，而且擅长制笔，曾在长期实践中总结出一套系统的制笔方法，著有《笔经》一书。北魏贾思勰《齐民要术》中载有韦诞制笔的方法是"以兔毫与青羊毛相杂"。这种兼毫笔，刚柔相济，软硬适中，深得人们的喜爱。韦诞在制笔的同时，还注意总结经验，所著《笔经》中对制笔之法介绍得极为详尽。如用几种不同兽毛制笔，"以硬毫为柱，柔毫为被；健者为心，软者为副"。在毫料运用上，多以"鹿毫为柱，羊毫为被"。韦诞屡经实践总结出的这些制笔经验，已成为我国传统制笔法之一，人称"韦诞法"，一直为后人所效法，并沿用至今。

魏至晋时，制笔趋于大而锋毫饱满，有硬毫笔、软毫和硬毫相杂的兼毫笔、软毫笔。书家可根据自己擅长的书体、用笔的爱好和艺术实

◎ 东晋时期的毛笔 ◎

践,选择不同刚柔性能的书写工具,创作各种风格的书法作品。

晋时的制笔方法,基本沿袭旧法,毫料多选用兔毫。兔毫笔仍为当时人们普遍认同的上佳毛笔。

南北朝时,毛笔的笔管一般较短,一改之前笔管后端削尖的制作方法。这在制笔史上是一个新的改革。由于那时没有高腿桌椅,写字的人大多盘腿坐在席上,把纸铺在几案上写,自然而然地就要悬肘书写,因而对笔的要求便是管要短,锋要齐,腰中强。写字时要管直心圆,万毫齐力。

魏晋南北朝时期的制笔业发展也表现在毛笔种类的增多。除了紫毫笔,鼠须笔在当时也很流行。据说,书法家王羲之书《兰亭序》用的就是鼠须笔。南朝时期刘义庆《世说新语》记载:"王羲之得用笔法于白云先生,先生遗之鼠须笔。"又云钟繇、张芝皆用鼠须笔。唐代张彦远《法书要录》中介绍王羲之《兰亭序》时说:"挥毫制序,兴乐而书,用蚕茧纸、鼠须笔,遒媚劲健,绝代更无。"

又相传王羲之第七世孙智永禅师曾云游至善琏(今浙江省湖州市南浔区善琏镇),指导笔工提高制笔质量。后经人们的长期实践,元代之后，善琏镇生产的湖笔名声大震。

纵观魏晋南北朝各个时期，作为书写工具的笔，在数量、质量上都得以提升，远远超过汉代，从而为这一时期的书画家、文人雅士发挥艺术才能，创造独具艺术的书风，提供了极大的便利条件，有力地促进了各类书体的成熟和发展。这一时期，涌现了大批卓有成就的书法大家，他们以独特的风貌名震当时，影响后世。钟繇的隶书、楷书，结体朴茂，出乎自然；皇象章草，笔势沉着，纵横自然；卫夫人正书，妙传其法，为人宗尚；王羲之正书、行书，字势雄强，诸多变化；王献之行书、草书，英俊豪迈，饶有气势；智永禅师，精研书艺，影响初唐。大批书法家的涌现，促进了这一时期书法艺术的突飞猛进，使这一时期成为我国书法艺术的鼎盛时期。

三、制笔行业的发展进步

（一）唐宋时期制笔行业的发展

1.唐代宣笔的盛行

唐代，中国的经济文化高度发达，制笔业也随之呈现一派繁荣景象。许多地方都有专业制笔作坊，宣州（今安徽省宣城市）因出产宣笔而成为全国的制笔中心。宣州造笔始于何时，史书记载未详。据韩愈《毛颖传》称："秦始皇时，蒙将军恬，南伐楚，次中山，将大猎以惧楚。召左右庶长与军尉，以《连山》筮之，得天与人文之兆。筮者贺曰：'今日之获，不角不牙，衣褐之徒，缺口而长须，八窍而趺居。独取其髦，简牍是资。天下其同书，秦其遂兼诸侯乎？'遂猎，围毛氏之族，拔其豪，载颖而归，献俘于章台宫，聚其族而加束缚焉。秦皇帝使恬赐之汤沐，而封诸管城，号曰'管城子'。"这里所讲的"中山"，位于今安徽省宣城市一带。据此可以将蒙恬所造秦笔看作宣笔之发端。自此，宣笔开始走入历史舞台。

唐代宣笔用料考究，制作技术更加纯熟。宣笔并不是纯紫毫笔，而是以紫毫为主的兼毫笔，锋颖采用精选的紫毫。当时有一种鸡距笔非常著名。诗人白居易曾有《鸡距笔赋》描述鸡距笔的选料、制作及笔名的由来。

唐代，制笔名家辈出，其中以诸葛氏和陈氏最为著名。诸葛氏家族在当时影响巨大，宣州诸葛笔名噪一时。宣州陈氏也是制笔世家，据《天中记》载，陈氏家人手中藏有晋代王羲之写给其祖上的《求笔帖》。晚唐，书法家柳公权曾到宣城向其求笔，并参与毛笔的研制及改良。这种书法家参与改良技艺的传统一直保持至今。这样的方式有利于制笔技艺及书法艺术更好地传承与发展。

2.宋代制笔业的繁荣

宋代制笔业更加发达，笔的品种和制作工艺都超过唐代，达到了前所未有的水平。宣州依然是全国的制笔中心，制笔名家云集，激烈的竞争促使各家推陈出新，呈现出一派繁荣景象。宋代高腿桌椅流行，写作姿势由盘坐榻上在矮的案几上悬肘书写，变为坐到高椅上伏案悬腕书写。毛笔的用料和形制也有了新的变化。隋前笔管较长，笔锋硬挺；宋代则笔管较短，笔锋硬中有软。同时，狼毫、羊毫得到了更广泛使用。多样化成为宋代制笔业的主要特点。

宋代最著名的笔工当数宣城诸葛。唐代诸葛氏制笔已声名显赫，到了宋代，诸葛笔更是独步海内。诸葛高技艺最精，他制作的诸葛笔备受当时文人的青睐，常被当作重礼馈赠亲朋，朝野上下都以得到诸葛

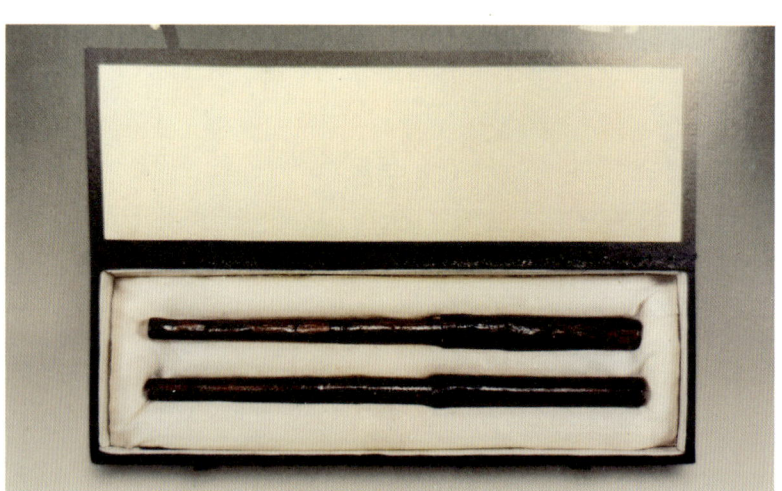

◎ 宋代毛笔 ◎

笔为幸事。梅尧臣、欧阳修、苏东坡、黄庭坚等人都推崇诸葛笔。梅尧臣曾把诸葛笔作为礼物赠予欧阳修，并写诗说："笔工诸葛高，海内称第一！"

北宋崇宁以后，宣城笔工创出"无心散卓笔"。散卓笔的特点就是没有笔柱，由一种或两种以上毫组合而成。这种笔笔头较大，大部分纳入笔腔；笔锋较长，含墨多，适宜书写和作画。苏东坡最喜欢用散卓笔。

在宣州制笔业的影响和带动下，宋代歙州（今安徽省黄山市歙县）、黟州（今安徽省黄山市黟县）、广陵（今江苏省扬州市）、钱塘（今浙江省杭州市）等许多地方的制笔业也得到发展。总之，以宣笔为代表的宋代毛笔在保持传统的同时不断推陈出新。随着由宋入元，宣州制笔逐渐没落，大批笔工迁徙、改行，使得制笔业中心南移到浙江湖州，自此湖州的制笔业出现了蓬勃发展的良好局面。

（二）元代湖笔的起源及发展

南宋之后，政治、文化中心南移，加之宋元之交，宣州遭受战乱，宣笔生产处于停滞阶段，笔工们四处流散，大多徙居江南躲避战乱。一些优秀的笔工流散到湖州，把宣笔的传统制作工艺也带到了当地，促进了湖笔制作技艺的改进和提高。宣州制笔业日渐凋敝，湖州善琏制笔业逐渐兴盛。到了元代，出现了冯应科、张进中等制笔名匠，湖笔声名鹊起，取代了宣笔的地位。据明代《弘治湖州府志》记载："湖州出笔，工遍海内，制笔者皆湖人，其地名善琏村。"

因元代的善琏镇属于湖州，此处制作的笔被称为"湖笔"。善琏镇制笔有着悠久的历史、优良的传统和精湛的技艺，被誉为"毛笔之都"。当时农民耕作之余，农闲之时，差不多家家户户都以制笔为职业，男女老少都通晓制笔技艺，距今已有1000多年的制笔历史。元代，湖笔在吸收宣笔技艺精华的基础上，不断加以改进和创新，有"毛颖之技甲天下"之称。湖州也成为当时全国制笔业的中心。

湖笔制作技艺在我国毛笔的制作技艺中为一大流派，其主要特色是分层匀扎，以羊毫、狼毫、紫毫各品纯毫驰名，尤以羊毫最负盛誉。湖笔的出名，和地理环境及物质条件有很大的关系。其羊毫原料采用的是本地区嘉兴路的山羊毛。山羊毛不像湖羊毛那样曲而不直，而是色白毛细，锋嫩性柔。这一独特的原料是其他地区所不及的。

湖笔选料严格，制作精细，主要选用山羊腋下毛，所取毫料宜陈宿多晒除污去垢，才适于用作制笔的材料。再根据毛料的扁圆、曲直、长短、粗细、有锋无锋等特点，浸在水中一根根地分类、组合。一般生产一支羊毫笔要经过浸、拔、并、梳等近百道工序，可见功夫之细，手续繁杂。羊毫笔有净、纯、宿之分。净、纯是指纯正无杂，无其他毫料掺夹在里面；宿是指羊毛经过夜晚露宿，自然脱脂，所制之笔，容易上墨。故羊毫笔管上往往刻有"净""纯""宿"的字样。元时制笔极讲求精益求精，质量至上。柔软、细长的羊毫兰蕊，能写行、草、篆、隶，也适于绘画，是湖笔的代表作，被历代书画家视为珍品。

湖笔为我国南方制笔业所制毛笔的珍品，明屠隆《考槃余事》中说："海内笔工，皆不若湖之得法。"这充分说明了湖州笔工的聪明才智和创造力。湖笔的擅名，同样注入了历代书家的心血，在善琏镇至今仍留有许多动人的古老传说。如晋代书法家王羲之曾结庵于善琏镇，教居民仿习制笔的技术。南北朝时的智永禅师曾到善琏镇，和笔工共研制笔技艺，竟废寝忘食。据《吴兴备志》记载："智永禅师结庵琏溪，往来永兴寺，笔工萃于此乡北，取兔毫于溧之中山南，取绿管于越之文山，故其制独精。"当年，在善琏镇留下的那广为人知的"退笔冢"，也正是智永禅师刻苦进行书法创作和改进毛笔制作的一个有力明证。

元代，湖州制笔业的能工巧匠辈出，他们为湖笔的兴起付出了巨大的努力，为后人所津津乐道。湖笔制作大师冯应科是湖州制笔的代表人物。当时冯应科的笔、赵孟頫的字、钱选的花鸟画，号称"吴兴三绝"。元末笔工徐信卿，以精于制笔、注重质量为士林所称赞。据明李日华《紫桃轩杂缀》中载，徐信卿所制笔，"缚一管，不合意即折裂，复为之，必如法乃止"。可见其制笔用心之良苦。

元代的书法艺术家，以赵孟頫、鲜于枢为代表，他们开创了一代雅媚秀润之风，名重一时。元代书风与当时书写工具——湖笔的普及有着不可分割的联系。在书法家的大力推广之下，湖笔逐渐普及开来。

（三）明清制笔业的繁荣

明清两代的制笔业发展到了历史的顶峰，名笔、名工遍布全国，湖笔继续饮誉中华。与此同时，吴兴大批优秀笔工外流，在江苏、天津、上海、北京等地建立作坊和笔店，使湖笔制作技艺在全国各地生根开花。

明清时期整个制笔行业从业人员的数量，毛笔的产量和品种都远远超过以往各个时期，而且规模和质量也被称誉一时。明清文人非常讲究用笔。明代书家多用硬毫笔。清代羊毫笔盛行，许多著名书画作品都是用羊毫笔创作的。明清制笔更重视装饰，选用不同材质制作笔杆，在笔杆上进行雕刻、镶嵌、彩绘等，使之成为华美的艺术品。

（四）民国毛笔制造业兴旺

清末科举制度被废除，给制笔业带来了较大冲击。但由于当时笔墨仍是最主要的书写工具，是日常社会生活中不可或缺的必需品，所以普通消费层仍在使用。清覆灭后，制笔业由面向官场转为面向市场，服务对象从士大夫转为书画界，有效地缓解了科举废除后带来的冲击。这一状况在北京最为明显。

民国时期，湖笔依然保持其在中国毛笔中的突出地位，其势不减。毛笔制作业发展很快，继乾隆初期王一品斋笔庄创业之后，善琏人在苏州、天津、上海、北京、沈阳等地均开设有湖笔作坊，采用"前店后厂"的经营模式生产、销售毛笔。著名湖笔店有北京戴月轩、贺莲青、李玉田，沈阳胡魁章，上海李鼎和、杨振华、毛春塘，苏州贝松泉等。到1929年湖笔生产进入了极为旺盛的时期。

北京作为明清两代的都城，自然是全国的政治文化中心，各地书画名家云集于此。各流派的书画家对毛笔提出了不同的要求，因而逐渐出现了各具特色的北京毛笔。北京的笔庄集中在和平门外琉璃厂一带，贺莲青、李福寿、戴月轩为其中的佼佼者。

1916年农历九月，浙江善琏人戴斌（字月轩）在琉璃厂文化街东侧创建戴月轩笔庄。他自幼学习湖笔制作技术，技艺超群。他年轻时来到北京贺莲青笔庄制作毛笔,随后自立门户,经营自制湖笔。他制作的毛笔深受书画家的欢迎。戴月轩成为琉璃厂文化街唯一一家以人名为店名的老字号,也成为继贺莲青之后的又一著名笔庄。

整体上说,民国时期的制笔业并非由某一种制笔技艺独占绝对优势,而是各地制作技艺日臻成熟,发挥自身特色、流派优势,各自开拓一片天地。

当时全国各地制笔流派众多,毛笔的派别可分为湖笔、宣笔、湘笔、北派笔。毛笔的制作技艺基本上分成披柱法和散卓法两种方法。

(五) 现当代制笔业

随着西方的钢笔、圆珠笔进入中国,对毛笔市场产生了一定的冲击。特别是在20世纪90年代以后,随着电脑的普及,钢笔的使用量也大为减少,毛笔则由大众书写工具转变为书法绘画专用工具。从总体上讲,20世纪毛笔制作业与前代相比处于被压缩和不景气状态,但这项传统技艺仍表现出了顽强的生命力。

湖州善琏依然是湖笔制作的主要产地,从业者众多。抗日战争时期,湖州曾沦陷,大批笔工为避战乱奔走他乡,生产严重衰落,1941年产量跌至最低。中华人民共和国成立后,笔工纷纷返乡,1956年办起了善琏湖笔生产合作社。1959年创建善琏湖笔厂,湖笔技艺得到了很好的继承和发展。改革开放以后,出现了许多生产湖笔的个体企业。善琏湖笔厂、王一品斋笔庄、含山湖笔厂是传承湖笔传统工艺的主要企业,产量占善琏湖笔总产量的30%,所生产的双羊牌、天官牌、双喜牌湖笔是名牌产品。各家笔庄都有自己的特色,在众多同行中脱颖而出,创建了自己的品牌,进一步扩大了湖笔的影响力。至此,湖笔生产走上企业化发展道路,品种不断恢复,质量不断提高,产品销往全国各地,还远销日本、韩国、新加坡、印度尼西亚等10多个国家。

20世纪80年代以后,湖笔制作业进入了一个繁荣发展的新时期。毛笔制造业一派欣欣向荣,全国各地不同制笔流派蓬勃发展,出现百花齐放,百家争鸣的良好局面。与书画艺术一样,制笔业焕发出蓬勃的生命力。

第二节
毛笔的构造

中国文字的书写，始于原始的硬笔，其发展得力于毛笔。中国汉字发展成书法艺术，就是在二者不可分割共同促进中形成的。古人云："工欲善其事，必先利其器。"学习书法，必先备有书写工具，而毛笔则是书法艺术决定性的工具。

一、认识毛笔

毛笔创制历史悠久，为我国独特的传统书写工具，发展到今日，其品种更加丰富，技艺日趋精良，深爱书画家喜爱。

毛笔，是动物的毛加工而成的笔，富有弹性，提按顿挫，八面出锋。用毛笔书写的文字多姿多采，给人以多种美感，如点画粗细曲直的线条美，疾徐涩迟的节奏韵律美，浓淡干湿变化的墨色美等，还具有吸墨、吐墨灵便等特点。

毛笔的构造粗分起来，较为简单，无外乎笔管、笔头、笔帽三部分。但细分起来，又名目繁多，笔管、笔帽材质的区别，笔头毫料的分类，锋颖长短的辨识，笔之大小的命名等，可都是大有文章。

笔管又叫笔杆，是构成毛笔的很重要的关连部分，从笔的把持以及力的平衡来看，是不可缺少的重要组成部分。笔管的材料是以竹质为主，木质为次，另有极少数用名贵的材料制作。竹质材料是湖笔笔管的主要来源。产于湖南、广西等地的斑竹，又叫湘妃竹，茎匀秆直，上有紫褐色斑点，是制笔管的主要原料。用此竹秆制作，更增添一种自然美和奇特的艺术性。采用竹子为制作笔管的原料，必须严格遵循季节时令，才能保证笔管质量和延长使用年限。古人在这方面已摸索总结出了成功的经验，古籍著录中多有记载。《戒庵老人漫笔》中说："笔箨竹，冬管不蛀，交春斫者则蛀。"可见制作笔管，须取用冬天的竹子。

木质笔管始于秦时。相传秦大将蒙恬初造笔时，曾以柘木为管。柘木质坚致密，中心为黄色，是一种较贵重的木材。近时制笔多以云南红木制作大斗笔的笔斗及笔管。云南红木质细坚重，色多为红紫色，属紫檀一类的木材，所制笔管沉重宜手。另有楠木、紫檀以及海南的花梨等均为古今制笔管、笔斗的贵重材料。其他贵重的如金、银、玉、水晶、琉璃、牛角、象牙等物亦可制作笔管。

手指在笔管上执笔的位置，即握管的高低分寸，在书法上称为笔位。其区分，就是把笔管分成二等分，等分处称为腰；腰至衔接笔头处，再分成三等分，靠近笔头处为一分笔，中间为二分笔，靠近腰的部分为三分笔。写字的大小与笔位关系较大，一般写中楷、小楷字，执笔宜在三分处。

一分笔写出的笔画纤细瘦劲，二分笔写出的笔画丰腴圆润，三分笔写出的笔画则沉着浑厚。熟悉和掌握笔位，有助于在实践中加以运用，利于各种风格的形成。如宋徽宗赵佶擅用一分笔，其所书"瘦金书"瘦直劲健，别有意趣；唐代书法家欧阳询多用二分笔，其所书"欧体"圆润险劲，影响后世；唐代书法家颜真卿常用三分笔，其书体深厚雄健，气势磅礴，以"颜体"著称当时，名重后世。

笔头是毛笔最重要的组成部分。笔头的好坏直接影响书写效果。明屠隆《考槃余事》中说："笔之所贵者在毫。"笔锋尖端处有段透明发亮的部分称为锋颖，即黑子。它是构成好笔最理想的先决条件。锋颖长，就耐用；锋颖磨损掉了，毛笔也就失去了生命力。

二、毛笔的分类

毛笔作为古代最为重要的书写记录工具，种类繁多，功能多样。毛笔的分类主要是依尺寸分类，还可以根据笔毛的种类、来源、形状等因素分类。

1.按笔头毫料分类

笔头的好坏主要由毛料的优劣来决定。毛料则是因动物的种类、生长的区域、发育的状态、气候环境等因素的不同而异。就毫毛来论，毛笔大致可分为羊毫笔、狼毫笔、紫毫笔、兼毫（两种毫毛合用）笔四种。最常用的为羊毫笔，即以山羊毛为原料制成的笔，最大特点是含墨量大，圆转如意，用于草书，可一气呵成，不致中断，适宜写大字。但羊毫笔性软，弹性差，不易掌握。狼毫笔尤为广大初学者所喜爱，主要原料为黄鼠狼毛，以东北气候寒冷地区的狼毫为最佳，其锋颖锐利，粗细均匀，长短整齐，富有弹性，仅次于紫毫，容易上手。用狼毫笔学书习字，流畅而有力度，尤其适合写草书。不足之处是字迹瘠薄多角而少圆润。紫毫笔主要原料是山兔毫，以宣州秋后所采山兔毫为最佳，因其毫毛呈紫色，故称"紫毫"。制笔多选用山兔脊背上最有弹性的毛，写起字来坚硬劲健。不足之处是不耐用，寿命较短。纯紫毫笔一般不多，处于逐渐被淘汰的趋势。兼毫笔是用两种兽毛配制而成的笔，以羊毫和紫毫或羊毫和狼毫相配制成，多以紫毫或狼毫为柱（笔心），羊毫为被，以调和笔头的软硬程度，取诸毫之所长，使其刚柔相济。兼毫又因软、硬毫料的比例不同，有偏软、偏硬之分。兼毫笔适宜写中、小字，使用广泛，深受广大书法爱好者的喜爱。

从毫料上看，除了上述四种较为普遍应用，还有极少数根据地区的特点和人们的好奇心理创制的稀有产品。有以紫貂毫、牛耳毛、猪鬃、马鬃毛、马尾毛、石獾毛、狸子毛等兽毛制作毛笔的，也有以鸡毫、鹅毛等飞禽羽毛制作毛笔的，还有以小儿胎发制成胎发笔的。

2.按锋颖分类

从锋颖来区别，毛笔可分为长锋笔、中锋笔、短锋笔三种类型。前文已提到，锋颖是笔尖端处那段透明发亮的部分。所谓长锋，是指透明那一段比较长，反之则为短锋，介于二者之间的为中锋。锋的长短决定笔的弹性大小，锋长弹性就大，锋短弹性就相对小。书写时，笔在纸上一按即倒，一提即起，这就是锋在起作用。根据字体的不同、字形的大小来决定选用不同长短的锋笔。一般写大字或行书选用长锋笔；中、小字或楷书，以中、短锋为佳。

笔头决定笔的优劣，而笔头部位（笔位）的掌握，则是历代书家提按顿挫的准绳。

3.按写字的尺寸区分

笔也可以根据所写字的大小来分类命名,如写一寸半见方的字的笔称为大楷笔,多为羊毫、狼毫、紫毫所制。把写一寸见方字的笔称为中楷笔,毫料和大楷笔相同;把写一寸以下数分大小的字的笔称为小楷笔,其毫料紫毫、狼毫、羊毫、兼毫均可。此外,还把写榜书大字用的笔称"抓笔"或"楂笔",均以羊毫、羊须、马鬃、马尾、猪鬃等长而稍硬的毫料制成;把书写匾额用的笔称作"提笔"或"斗笔",其毫料也多以长而坚硬的兽毛为之;把书写屏条用的笔称为"屏笔"或"条幅笔",多为羊毫所制;把书写对联用的笔称为"联笔",大小不一,种类较多,多以纯羊毫所制;最小的笔称为"圭笔"。综上所述,笔因用途不同,故分类较多,名称复杂。因此,在学书习字时要因字选笔,因笔书字,写大字就用大笔,写小字就选小笔。切不可大小不分,用途不辨,一味信手用笔,以免既损伤笔头,缩短使用寿命,又难写出好的作品。

随着我国制笔业的发展,当代制笔师的技艺远远超过历代的笔工,在继承古代制笔优良传统的基础上,他们不拘泥于古人,推陈出新,制作的毛笔具有强烈的时代风格和地方特色,新的产品不断问世,制笔业蓬勃兴旺,促进了当今书法事业的腾飞。

第三节
书写工具的文化价值

书写工具是书法艺术得以实现的基础，是历代书法先贤在不断实践中创造和完善而成的。书法工具与书法艺术相生相伴，一刻都不曾分离。所以，在书法艺术发展的同时，书写工具也具有了独特的文化价值，成为书法艺术的重要组成部分。经过千百年的积累和沉淀，书法工具蕴含的文化价值越来越得到人们的领悟和认同，其文化价值已经远远超过了其本身的功用，成为书法文化和审美的载体，值得我们去细细品味。

一、书写工具在文人心目中的地位

书写工具的文化价值体现在文人对待和认识它们的态度上。在文人眼中，这些书写工具已不单单是书写的工具了，而成为文人欣赏和歌咏的对象，文人在它们身上赋予了更多的寄托和情感。东汉蔡邕所作《笔赋》中不仅介绍了毛笔的材料、功用等信息，更为关键的是赋予了毛笔功用以外的意象特征，如将"正直"赋予毛笔的笔管，将"圆和"赋予毛笔的笔毫，从而让毛笔拥有了自己的性格。东汉的李尤、繁钦，曹魏时的傅选、王粲，西晋的傅玄、傅咸等人均以书写工具为审美对象对其进行过咏颂，以之作为精神上的寄托，抒发胸臆。

二、书写工具名称的文化内涵

书写工具的文化价值体现在它的名称上。文人给书写工具取了许多别称，这些别称蕴含着他们的情感，反映出他们对这些书写工具的喜爱。这些书写工具就像朋友一样能理解他们的情感和思想，协助他们完成艺术创造。比如毛笔的别称就很多，如象管、毫翰、毛颖、管城子、中书君、退锋郎等；纸则有方絮、楮练、剡藤、云肪、云蓝等。这些别称中倾注着文人对书写工具真挚的情感和朝夕相伴产生的信任。文人在书法艺术中取得的每一个成就都有着写书工具的一份贡献。它们与文人共同完成了艺术创造，蕴含了浓郁的文化内涵。

三、书写工具的审美意义

书写工具的文化价值体现在其本身审美价值的提升。随着书写工具制作工艺的不断改进，制作质量的不断提高，其自身的审美价值也得到不断提升，这使书写工具成为人们收藏和研究的对象。如毛笔的笔管成为制笔者最为重视的部分。人们在上面雕龙画凤，极尽美观，将其做得精美绝伦，观赏价值甚至超过了其书写的使用价值，成为书法名家及书具爱好者收藏欣赏的掌中"宝物"。而砚台、墨锭等也是装饰精美，各种图案和文字交织辉映。一件普通的书写工具在文人和匠人手中幻化出精美绝伦的形态，拥有了超出书写作用之外的价值。书写工具自身的审美价值已经尽显无疑，成为书法艺术中的别样风采。

四、文人对书写工具的深度研究

书写工具的文化价值体现在文人对其起源、演进、制作、内涵的深度挖掘。作为一个文化性质的话题，书写工具进入了文人的视野。文人以独特的情怀和视野，对书写工具进行了探究和描写，赋予了它们更多的文化色彩。宋代苏易简编写的《文房四谱》中，对书写工具的源流、演变等内容进行了详细描述，并对历代关于这些书写工具的描写和称颂进行了介绍，使书写工具的文化价值得到了全面的展现。

五、文人对书写工具的文化认同

书写工具的文化价值体现在文人与之长期接触、潜移默化中形成的文化认同中。生活中，书写工具成为文人朝夕相伴的伙伴，文人个人的情怀潜移默化地转移到这些书写工具上，产生了"移情"现象，并逐步得到社会的认同，成为一种特有的文化现象，融入社会文化中。例如，人们称赞某个人才华横溢、文采斐然时会说他"妙笔生花";有关文字的争论会说成"笔墨官司"。这些书写工具无形中扮演了超出本身价值之外的角色,成为一种独特的现象,也体现了自身的文化价值。

第二章 戴月轩的百年传承

第一节 戴月轩的前世今生

第二节 戴月轩的品牌价值

第三节 戴月轩的历史贡献与创新思考

第一节
戴月轩的前世今生

一、戴月轩湖笔店初创

戴月轩湖笔店创始人戴斌先生，出生于浙江省湖州市善琏镇。他自幼家境贫寒，少年时期曾做过给人家挑水等苦力活，以维持生计，后经别人介绍到善琏镇邵家的湖笔作坊学习制笔手艺。他敏而好学，短短几年时间便掌握了制笔技艺。由于他为人忠厚老实、勤奋好学，邵家的主

◎ 戴斌居家照 ◎

人还将女儿嫁给了他。1905年，25岁的戴斌从老家来到了北京琉璃厂，在贺莲青湖笔店做伙计。戴斌学习刻苦，喜欢钻研，头脑活络，热情待人，还非常自律，别的伙计挣了钱一般都相约出去玩耍，喝个尽兴，可他从不参与，从不胡乱花钱。除了专心制作毛笔，他还对市场销售十分感兴趣。戴斌在贺莲青的湖笔店一干就是10年，在制笔工艺方面积累了丰富的经验，制笔技艺日渐高超。凡经他整修的笔都特别好用，书写者使用起来十分舒心。同时，他也学到了不少经营的方法，亦略有积蓄。

1916年，戴斌决定自立门户。恰巧东琉璃厂32号有一家店面出售，于是戴斌拿出多年的积蓄盘下了这个店面，开设了一家属于自己的湖笔店。开办之初店面狭小，只有三间小门脸，后院制作生产，前面的门面经营销售。这种"前店后厂"的经营模式自那时起一直延续到现在。开张之初店面没有字号，时任北洋政府国务卿的徐世昌给予他300块大洋的资助，并建议他将自己的名字作为字号。戴斌，字月轩，字面意思和意境都很合适，"戴月轩"一名应运而生。后来徐世昌为其题写了匾额，戴斌的湖笔店就挂上了"戴月轩"的牌匾。

然而，做学徒跟创业完全是两码事。戴斌开店时已经36岁，他10多岁开始在家乡学习制作毛笔，当时还不怎么识字，硬是靠着不服输的劲

◎ 戴月轩原址旧照，拍摄于20世纪50年代 ◎

头自学了汉字和数学知识。他吃了那么多苦头，就是想拥有一家属于自己的湖笔店。梦想实现以后，他发现自己要操心的事太多了，除了制笔卖笔和同客户打交道，还要管理工人和学徒。

刚开始，他的湖笔销售得并不顺利，由于是新店，生意很是惨淡。于是他亲自带着徒弟背着毛笔、宣纸等，前往东北和北京周边一些地区推销。为了节约成本，他每次出门都自带干粮，住在小旅店里。每到一处文具店，他都赠送样品诚恳推销，慢慢地很多人被他的真诚所打动，决定与他合作。

自此，为赢得广大客户的信赖，戴斌还进一步提高了毛笔质量。戴斌的老家乃毛笔之乡，生产的毛笔全国闻名。为了保证毛笔质量，他的原料均从湖州购进。

戴斌非常懂得诚信的价值。他对毛笔的质量要求非常严格，每次从湖州购进的毛料和笔管，都会仔细检查，做好的笔头也要重新择过。这是制笔工艺中最具技术性的环节，他对徒弟择过的笔再抽查把关，力求每支笔都能做到尖、齐、圆、健。"尖"指笔锋尖如锥状不开叉，利于点撇钩捺；"齐"指笔毛垂直整齐，散开后顶端平齐无参差，吸墨饱满，吐墨均匀；"圆"指笔头浑圆匀称，不凹不凸，书写圆转如意；"健"指笔毛健挺，不脱不败，书写时收放自如，富有弹性，收笔后笔头回复锥状如初，且笔毛经久耐用。对于质量不合格的毛笔，他宁可烧掉也不出售。戴月轩的毛笔做工精细，具有"提而不散，铺下不软，笔锋尖锐，刚柔兼备"的特点，深受文人墨客的喜爱。为了打造品牌，他在笔管上刻下"戴月轩"的名字。久而久之，人们只要一看到刻有"戴月轩"三个字的毛笔，就认定毛笔的质量确实上乘。

在"前店后厂"的作坊中，戴斌每天与徒弟们一起干活，苦心经营。由于戴月轩制作的毛笔质量好，使用效果佳，故得到诸多名人，尤其是书画名家的认可，店铺经营逐渐改善，此后声名鹊起，享誉京城。"民国四公子"之一的张伯驹先生还自作一首词，称赞戴月轩制笔技艺之精湛。

经过多年努力，戴月轩笔店终于在琉璃厂多家笔店的激烈竞争中站稳了脚跟，并脱颖而出。由于经营状况越来越好，戴月轩很快便在天津郭店街路北和天津劝业厂楼上各开设了一家分店。戴斌生活克勤克俭，衣物大多由其妻亲手缝制，只有长衫和马褂在外面制衣店定制。他脚上穿的黑布鞋，前头破了一个小洞，露出白色的衬里，他就用毛笔蘸点儿墨水轻轻一涂凑合着穿。平日里他吃的也都是粗茶淡饭，从不与家人外出到饭店吃饭，逢年节，也总是在家中度过。

北平和平解放后，戴斌积极响应公私合营政策，将琉璃厂五大开间营业房交归国有，而他则以一个笔师的身份一如既往地制作和销售湖笔。为了让人们了解毛笔制作的流程以及展示戴月轩湖笔的质量，戴斌在戴月轩店门口摆上案台，上面放置原料和工具，当着路人的面制作。有人询问时，他就热心讲解。也许有人会问，将自家的绝活亮出来，就不怕别人抢自己的饭碗吗？戴斌并不这样认为，因为戴月轩的毛笔有100多道工序，就算用心学，恐怕也要几个月，如果不是精心制作，恐怕一辈子也做不出戴月轩那样高质量的毛笔。戴月轩毛笔还有一个绝活，就是为顾客修笔。一些顾客用坏的毛笔送到这里，由手艺精湛的笔师再择上几根毛，就又可以使用了。

二、戴月轩湖笔店的历史沿革

在北京城的老字号中，戴月轩以制售传统的毛笔而名满京华。笔耕春秋，自1916年戴月轩创办至今已走过了百年岁月。戴月轩始建时坐

◎ 戴月轩总店外景 ◎

落在东琉璃厂32号,一百年来几经迁徙,现店址位于琉璃厂东街73号。经营项目以戴月轩品牌的毛笔为龙头,兼营文房四宝四大类,近千种商品,自产自销名人字画、金石印章,以及生产毛笔,在北京乃至全国负有盛名。

戴月轩的第一块牌匾为徐世昌所题,1956年公私合营时郭沫若题写了牌匾"老胡开文戴月轩湖笔徽墨店",后来陈半丁、赵朴初也相继为戴月轩题写匾额。梁启超、富察庄净题写了楹联。但遗憾的是徐世昌、郭沫若题写的匾额已经遗失。

公私合营期间,琉璃厂的毛笔店如老胡开文、胡开文、贺莲青、青莲阁、邦正泰等都归属于戴月轩号下。笔工有李宝森、曹孔修、杨志州、张文涛、贺涤生、张国仁、孙进仁等。笔店就命名为老胡开文戴月轩湖笔徽墨店。

制作毛笔的生产工人称"笔工",笔工的制笔技术靠师傅口传身教。戴斌本人的徒弟有30余人,如王魁刚、胡芹杭、冯福恒、李树元、孙绍周、姚润华、索兆明、庄业兴、庄业平、谭世斌、王瑞珍、张有信、张润发、黄赐令、郝海平、萧仲奇、杨庆祥、刘晏之、郑存宗等。他把自己的全部技艺教与徒弟,才使戴月轩毛笔制作代代相传。

戴斌的徒弟胡芹杭担任店主任,经营管理戴月轩商店的各项工作。徒弟王魁刚负责毛笔生产。

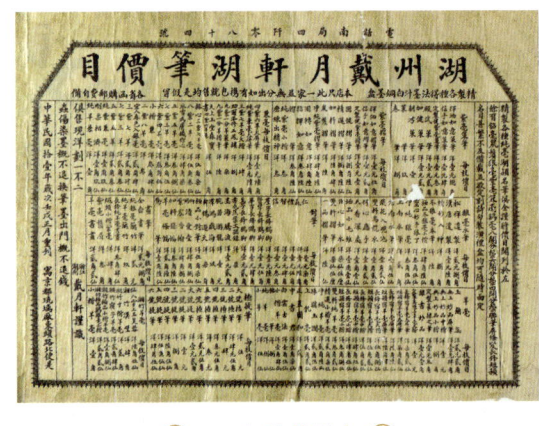

◎ 1922年的价目表 ◎

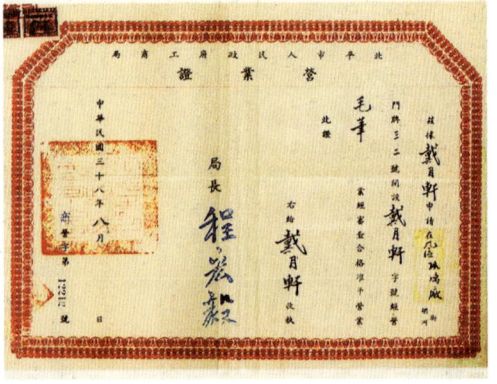

◎ 1950年的营业执照 ◎

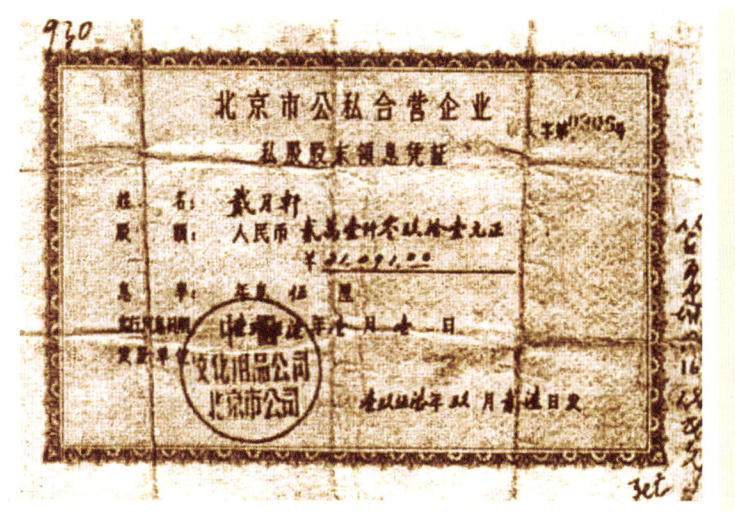 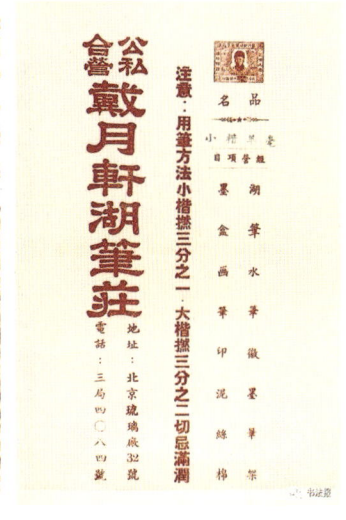

◎ 1956年公私合营后戴月轩的股息凭证 ◎　　◎ 1957年戴月轩的宣传单 ◎

公私合营后，戴月轩隶属于北京市文化用品公司。北京市文化用品公司为发展戴月轩湖笔技艺，改善制笔环境，把制笔工序搬到崇文区东打磨厂261号的一个二层小楼，建立了制笔车间，扩大了生产规模。同年吸纳新人，并安排新人向师傅学习制笔技术。当时冯福恒师傅所带徒弟有李国珍、史香玲、张秀云、牛惠君。李树元师傅所带徒弟有杨景华、靳宝刚。这些人为戴月轩湖笔制作技艺的第三代传人。

那时戴月轩还担负着为中央办公厅、国务院办公厅供笔的任务。毛泽东同志习惯用纯冬狼毫笔，每月要用笔20支左右；周恩来同志习惯用紫毫笔。

当时东门仓百货批发部是北京各商店的进货部门，戴月轩每月按照百货批发部的计划生产、批发毛笔，确保北京市场供应。

1967—1975年，制笔车间由东打磨厂261号搬到宣武区廊房二条61号。这是一个四合院，北房二层楼，距离琉璃厂更近，在此生产毛笔、批发毛笔更便捷。

这一时期，戴月轩更名为北京湖笔店，"老胡开文戴月轩湖笔徽墨店"匾额被摘走。

1975年，戴月轩门店从32号搬到现在的73号，扩大了经营场所，同

◎ 毛泽东同志、周恩来同志使用过的戴月轩毛笔 ◎

时把三间平房翻建为二层楼房。

1976年初,戴月轩隶属于宣武区百货公司旗下的国华照相器材商店,经理张唯一,门店负责人孙进仁。

1980年开始,琉璃厂统一改造翻建成古建特色的文化街,戴月轩暂时在琉璃厂49号经营。1982年改造工程完成后,戴月轩在琉璃厂73号原有的三间门脸成为五间门脸房(没有二楼了),同时恢复了"戴月轩"字号,开始使用陈半丁题写的戴月轩匾额,一直沿用至今。企业注册名称为"北京市宣武区戴月轩湖笔徽墨店"。

1992年初,戴月轩成立党支部,北京市宣武区戴月轩湖笔徽墨店更名为"北京市宣武区戴月轩湖笔徽墨公司",隶属于宣武区百货公司。法人邢丽华,副经理靳宝刚负责戴月轩的业务。

1993年底,上级单位任命于天鹫任党支部书记、经理,负责戴月轩公司的全面工作。

1995年，戴月轩面临着市场经济的挑战。批发业务已经不能独享市场份额，外埠的制笔厂送货到商店，直接冲击了戴月轩经营业务活动的开展，企业经营面临空前的困难。企业改革势在必行。为此，戴月轩在宣武区百货公司内率先试行企业转变机制，组建北京戴月轩湖笔徽墨有限公司，宣武区百货公司持大股，还有两个社会法人股和职工股。戴月轩打破"铁饭碗"，寻求到新的发展路径。

2000年，戴月轩买断了国股。上级公司收回廊房二条61号房屋，戴月轩在店内隔出一间房恢复现场制笔。

世纪之交，随着经济体制改革的不断深化，戴月轩转变为有限责任公司。此后，戴月轩在第四代传承人及掌门人于天莺的领导下，开放经营，以笔为宗，突出文化氛围，把握名品名牌，不仅使笔、墨、纸、砚这文房四宝相映成趣，还增添了木器、文玩等商品。

2007年，为迎接2008年北京奥运会，戴月轩不断开拓进取，弘扬老

◎ 戴月轩店内景 ◎

字号传统文化，实施企业发展战略，恢复戴月轩老字号"前店后厂"的经营模式，开展特色经营。令人欣慰的是，制笔作坊项目在北京市商务局、原宣武区政府的资金支持下于2008年7月25日竣工，实现了戴月轩人重建笔坊的梦想。戴月轩第五代传人王后显、滕占敏在笔坊中传承着戴月轩湖笔制作技艺。笔坊还曾接待奥运宾客、残奥会宾客。戴月轩也被授予"北京奥运会、残奥会服务保障工作先进集体"荣誉称号。

◎ 戴月轩笔坊接待奥运宾客 ◎

第二节
戴月轩的品牌价值

一、戴月轩的品牌文化

戴月轩建店至今，一贯把产品质量视为企业发展的生命，把毛笔制作技艺视作自己品牌的根本，秉持正确的经营信条，运用成功的管理经验，形成了自己特有的核心品牌。它逐步具有了一定的品牌影响力，适应着新时代的步伐，稳步发展。

（一）以湖笔制作技艺为核心

戴月轩经过多年研究、提炼，总结出独特的湖笔制作技术工序。

戴月轩制笔秉承着"颖毫纯净精中拣，聿师竭巧德为先"的古训，选材要求严格，所用羊毫必须选取一周岁未经交配的小湖羊毛，狼毫则取自东北地区三九天之冬狼尾。而制作毛笔的100多个步骤，一个也不能少。不合格的产品宁可烧掉也绝不出售。售出的毛笔，可免费修复，使其焕发第二次生命。

戴月轩湖笔制作技艺，2007年被列入北京市级非物质文化遗产代表性项目名录。

（二）戴月轩的品牌拓展

戴月轩始终坚持清晰的品牌定位，在坚持手工制笔的基础上，适应时代发展和市场变化，加大产品研发力度，推动传统工艺产品升级，在确保主打产品戴月轩品牌毛笔销售的同时，拓展经营商品种类，丰富产品类别，以适应新时代的市场需求。

戴月轩宣纸。戴月轩宣纸无论是生宣、熟宣，皆在宣城生产，采取传统手工制作，并制有"戴月轩"字样的防伪水印，做工精致，洁白无瑕，无论用于写意工笔还是书法创作皆宜。

戴月轩徽墨。戴月轩徽墨在徽墨正宗原产地产生，采用传统古法制墨工艺制作。该墨发墨快，墨色黑亮，胶性柔和，为墨中精品。

端砚。戴月轩与刘演良、梁焕明等制砚艺术大师合作，倾力打造带有中华传统文化底蕴的名品端砚。此类端砚选料石质细腻、温润，带有青花、天青、火捺、金银线、冰纹等不同的纹路，且精雕细作。

◎ 戴月轩店经营的多种端砚产品 ◎

◎ 戴月轩文房四宝礼盒 ◎

戴月轩文房四宝礼盒。戴月轩将毛笔、砚石、墨条、笔架、镇尺、印泥、石章等各种文房用具组合成精致的文房四宝礼盒，延伸了其用途，兼使用性、馈赠性、收藏性、商务性于一体，延续了品牌生命。在北京市政府提出"北京精神"之际，戴月轩推出了以"爱国、创新、包容、厚德"为主题，结合传统的文房四宝文化的礼盒套装，选取长城图案的砚台、雕龙的五彩墨，同时把"爱国、创新、包容、厚德"刻在笔管上，彰显了百年老店的与时俱进，深受大家喜爱。

文玩，即文房器玩。戴月轩经营

有珍贵的木材文玩,如黄花梨、紫檀木、酸枝木、金丝楠等制作的雕花笔筒、镇尺,红木精雕屏风、笔挂;还有精品竹扇、留青竹刻臂搁等。

2015年3月,戴月轩在天猫商城开设戴月轩旗舰店,开始进军互联网,更广泛地为全国的书画爱好者服务,不断提高品牌影响力,并取得了一定的业绩。

2016年1月9日,戴月轩在琉璃厂西街开设新店,经营面积500余平方米,形成东、西呼应的局面。在新店二楼开办了画廊,弥补了东街场地上的不足。书画市场,是戴月轩涉足的一个新领域,有待进一步探索提高。

(三)戴月轩的品牌保护

由于老字号品牌在市场竞争中的优势地位和巨大的无形价值,老字号在国内外被抢注、假冒的事件屡有发生,其合法权益受到了极大侵害,品牌信誉被损害。戴月轩作为中华老字号企业未雨绸缪,从自身着手,加强品牌保

◎ 戴月轩商标 ◎

护意识,及早确立品牌保护战略,用法律法规来保护老字号的商标、品牌及秘方等知识产权。

戴月轩坚持质量保障,恪守尖、齐、圆、健的质量品质,制定质量标准,实行标准化生产、经营和管理,严格执行企业标准,年年获得北京市质量监督局认证。

坚持商标保护。自1994年3月,戴月轩开始在商标局多次注册"戴月轩"商标,使戴月轩品牌在我国、日本、韩国、新加坡,以及欧盟等国家和地区都受到有效保护。同时,还注册了服务品牌"一笔在手,如握春风"的商标。

商标注册一览表（部分）

国别	注册日期	注册类别	注册号	续展注册日期
中国	1996年3月28日	16类	827597	
中国	1998年2月7日	16类	1148498	2008年2月7日
中国	2009年6月14日	16类	5217554	
日本	1999年4月23日	16类	4209257	2008年11月13日
韩国	2009年5月22日	16类	964048	
新加坡	2008年5月9日	16类	0964048	
欧盟	2008年5月9日	16类	0964048	
中国	2010年10月26日	16类	8780563	
中国	2010年10月26日	35类	8780580	
中国	2010年10月26日	36类	8780593	
中国	2010年10月26日	40类	8780633	
中国	2010年10月26日	42类	8780688	

戴月轩在发展企业的同时不忘初心，始终坚持"以社会责任优化企业品牌"，积极参与大栅栏地区的综合包户活动10余载，奉献爱心，帮助贫困学生实现求学成才的梦想，传递着中华老字号的企业文化精神，以此来回馈社会。

二、戴月轩的经营及服务理念

（一）以独特的经营管理理念塑造品牌

戴月轩在其一百年的发展过程中，一贯注重不断强化管理理念，从而传承和发展品牌。戴月轩始终坚持"以诚信铸就品牌"，恪守"颖毫纯净精中拣，聿师竭巧德为先"的古训，珍惜百年老店的品牌形象，诚实守信，厚爱客户；始终坚持"以服务打造品牌"，把消费者放在第一位，自觉践行"一笔在手，如握春风"的服务理念，在同行业中率先推行服务承诺，保证销售的每一支笔都具有品质保证、服务保证；始终坚持"以质量和品种保品牌"，实行前店后厂模式，在笔坊现场完成制笔的全部工艺；始终坚持"以连锁经营扩大品牌"，先后在北京的翠微大厦、金源燕莎商城等著名商厦开办"店中店",统一标识,统一质量,统一价格,统一商品包装,统一服务方式;始终坚持"以经营创新发展品牌",不断调整商品结构,加强产品包装,推出文房礼品系列,丰富产品的文化内涵,满足专业需求、商务需求、个性需求。

(二) 全面践行服务理念

在市场经济竞争环境下,戴月轩的发展必须靠质量。除了产品的上乘质量,还必须强调优秀的服务质量。对于戴月轩这样的老字号,如果说产品质量是企业的生命,服务质量则是企业的灵魂。

戴月轩深深地体会到,服务工作不是简单的笑脸相迎,而是职业道德与物质供应的完美结合。经过长期实践,戴月轩把服务理念提炼成"一笔在手,如握春风"八个字。它的深刻含义包括三个层面内容:一是戴月轩销售的每一支笔都要有品质保障、服务保障;二是体现着戴月轩的服务要热情、周到,像春风般温暖顾客;三是书画界同人到戴月轩购物享受服务时能感到轻松舒畅、如沐春风。为此,戴月轩在抓服务质量方面做足了工作。

1. 以企业文化为依托,培养员工爱岗敬业精神

戴月轩的企业文化精神源自戴斌首创的"尖、齐、圆、健"的湖笔质量标准,亦为笔之"四德"。经过多年的经营实践,它已成为戴月轩制笔和做人的标准。依笔而论,要锋尖、颖齐、仓圆、毫健。就做人而言,要技艺精尖、见贤思齐、内方外圆、身心健康。笔要正直,人亦正直,才能做好服务工作,才能把春天般的温暖送给广大消费者。在继承发扬"四德"的基础上,戴月轩人不断赋予其新的内涵,企业的服务理念"一笔在手,如握春风"是企业"四德"精神的发展。企业不仅自身做到"四德",在服务工作中也要体现企业文化精神。在组织学习中,戴月轩逐渐让职工体会到,戴月轩人要以德兴店,以德约束自己,以德服务他人,整体提高职业道德修养。

2. 实施服务理念,规范服务程序

服务行业的工作,从本质上说是一种直接为消费者服务的、极其重要、极其广泛的经济活动。在服务行业中,要求全体从业人员认真树立良好的职业道德风尚，这既是社会主义物质文明建设的要求，也是社会主义精神文明建设的基本要求，其核心思想是为人民服务。戴月轩的服务理念实质是让消费者称心如意，通过戴月轩人的一言一行传达出戴月轩对于服务对象的体贴、关心与好意，反映出戴月轩良好的企业文化内涵。为贯彻落实职业道德，戴月轩严格服务程序，细分消费需求市场，开展特性化服务。

戴月轩湖笔制作技艺作为北京市级非物质文化遗产代表性项目，曾接受中央广播电视总台中文国际频道《走遍中国》《中华老字号》，中央教育台《岁月如歌》，北京广播电视台《这里是北京》《今日京华》《家有珍宝》《百艺北京》等栏目的专访，展示毛笔制作过程，介绍戴月轩的百年发展历程。多家报纸媒体更是争相报道，引起了社会的广泛关注。近年来，戴月轩接待了众多国内外宾客、媒体。戴月轩湖笔技艺得到了广泛宣传推广，弘扬了中华民族的优秀传统文化。

戴月轩人在事业发展中以弘扬祖国传统文化为己任，注重以笔之"四德"作为制笔和做人的标准，以德制笔，以德做人，用"四德"精神，维护老字号的声誉，促进老字号的发展，传承戴月轩湖笔制作技艺，在创新发展的道路上勇往直前。

传承不是一句虚言，文化的传承不是一个人的苦行，道路虽然有曲折，但戴月轩人一直在前行。让文房四宝成为连接古代文化和现代文明的纽带，把它作为中华民族优秀文化的一部分，一代代传承下去，不断发扬光大。

三、戴月轩的品牌故事

（一）牌匾故事

1.徐世昌题匾"戴月轩"

徐世昌，号菊人，博学多才，文章诗词书画皆精，传统文化造诣颇为深厚，曾出任中华民国大总统。徐世昌的书法多为行草书，在清代晚期及民国时期名重一时。戴月轩的第一块匾额就出自他的笔下。

这其中还有一段佳话。徐世昌爱笔如痴，但苦于难觅得心应手的好

◎ 徐世昌题匾 ◎

毛笔。他曾找过多名制笔名家定做毛笔，均不理想。某日，徐世昌途经琉璃厂一家笔店，进店选笔，甚不理想，转身欲走，听到店伙计戴斌正在给客人讲解制笔与用笔之道，便驻足聆听，听到妙处，茅塞顿开。他拿过戴斌修过的毛笔，在纸上信手写来，笔锋圆转自如，随心所欲，不禁惊呼："真是好笔！"戴斌对制笔、用笔的独到见解，让徐世昌深有所悟。戴斌对徐世昌的书法造诣大加赞赏。二人一见如故，相谈甚欢。

从此，戴斌的制笔技艺得到了徐世昌的赏识，两人经常一起探讨用笔、制笔的心得。戴斌根据徐世昌用笔的特点，特意制作了一支毛笔赠予他。1916年，戴斌在琉璃厂东街开设了以自己名字命名的湖笔店"戴月轩"。徐世昌虽公务繁忙，但得知戴斌要开笔店，欣然为笔店题写匾额"戴月轩"。戴斌见匾后非常感激，便把此匾作为戴月轩湖笔店的正式牌匾，以示敬意。

2.赵朴初题匾"戴月轩湖笔店"

赵朴初是著名的社会活动家，杰出的爱国宗教领袖，曾任中国书法家协会副主席，担任过西泠印社的名誉社长和第五任社长。

赵朴初题写的戴月轩匾额是难得一见的珍品，能从中看出他苍劲浑圆、豪迈凝重的笔力和雍容宽博的气度。他题写的这块匾额字体隽秀、浑厚饱满、刚劲清新、优雅峻拔，兼有汉碑雄劲和晋唐风骨，堪称力能扛鼎的大气之作，极大程度上将中华文化"贵和尚中"的精神内核展现了出来。

◎ 赵朴初题匾 ◎

　　这块匾额背后也有一个故事。赵朴初与鉴赏家、书法篆刻家傅大卣私交甚好。1982年，戴月轩店特委托傅大卣请求赵朴初先生题写匾额。赵朴初一向支持民族手工艺的发展和民族传统文化的传承。作为书法巨擘，他也经常使用戴月轩的毛笔，并对其大加赞赏。他说多年使用戴月轩毛笔作书写字，饮水思源，也应该为戴月轩的发展尽绵薄之力，希望戴月轩更好地造福社会，传承中华文化。他欣然题写了"戴月轩湖笔店"的珍贵墨宝，并转交于傅大卣。

　　世纪之交，两位大师相继故去。2006年，傅大卣之子傅万里在整理父亲书籍时，意外发现了一个信封，上面写着"转呈戴月轩湖笔店"。打开一看是赵朴初老先生所题"戴月轩湖笔店"遗墨。傅万里先生宅心仁厚，没有将此墨宝据为己有，而是将其装裱后无偿赠予戴月轩。戴月轩陈培新经理得此"遗宝"，心中充满对赵老先生、傅老先生的崇敬和对傅万里先生的敬仰，感激他们对戴月轩的无私奉献和赤诚情怀。

3.郭沫若题匾"戴月轩湖笔店"

　　郭沫若博识广识，在现代书法史上占有重要地位，也是在历史学、考古学、古文字学、古器物学等艺术方面都有很高造诣的学者。中华人民共和国成立后，戴月轩为许多文化名人定制过毛笔。戴月轩毛笔深得他们喜爱。郭沫若素有毛笔情结，为人又慷慨。1956年戴月轩公私合营，郭沫若答应为其题写匾额。1957年，郭沫若题写的"戴月轩湖笔店"匾额被悬挂在戴月轩的店堂外。郭沫若的书法以行草见长，笔力爽劲、洒脱，运转变通，韵味无穷。这幅匾额书法中透出一种"文"的气

◎ 郭沫若题匾 ◎

息，表现出郭老诗、文、史学问修养相融合的书法化境。

后该匾额被摘走了，改革开放后，经多方寻找无果。然而，峰回路转，2015年3月，全国馆藏文物普查开始，陈培新经理接到中国国家博物馆保管二部刘罡主任的电话，说在库房看到"戴月轩湖笔店"及"老胡开文戴月轩湖笔徽墨店"两块匾额。真是"踏破铁鞋无觅处，得来全不费工夫"，近40年的寻觅，却在不经意间发现。这块由郭沫若先生题写的戴月轩匾额异常珍贵，现已由中国国家博物馆永久珍藏，而精心制作的复制品重回戴月轩，永放光辉。

（二）戴月轩为中央领导制笔

一天，一位叫张子明的中南海专员带着介绍信来到戴月轩买笔。恰逢戴斌外出办事，店员郑存宗接待了他。张子明看着满柜台各式各样的毛笔，一时犯了难，毛笔不就是用来写字嘛，怎么会有这么多种类？给中央领导选笔，应该选质量好一些的，看来只能通过价格高低来判断了。这时，郑存宗阻止了他。

郑存宗告诉张子明，不同毛笔有不同的用途，签文件和写书法不一样；同是写书法，写草书和楷书在用笔上也有很大差别。他建议要先了解各位领导写字用笔的习惯，根据习惯和用途选择毛笔种类。这时戴斌从外面回来了，了解情况后对郑存宗的安排点头，表示同意。戴斌领着张子明走进制笔作坊参观了一遍，然后二人坐在一个茶桌旁，边喝茶边交流。戴斌给他讲解各类毛笔的特点和用途，张子明将每位领导人的用笔习惯向戴斌做了说明。接下来，戴斌喊来郑存宗，让他从中选出几十支毛笔,为了不至于混淆,他要求郑存宗跟张子明一道去送笔。两人在中南海转了很大一圈,为中央领导分别送去了适合他们的毛笔。因来往文件都用毛笔签字,用笔量相当大。毛泽东同志每月就要用20左右支毛笔,所以后来每月张子明都要来戴月轩买笔。

(三)戴月轩毛笔见证西藏和平解放

在戴月轩小微博物馆里静静地陈列着两支特殊的笔。说它们特殊,是因为它们记录并见证了新中国一个伟大的历史时刻:西藏和平解放。

1951年5月23日,在北京中南海勤政殿,中央人民政府全权代表和西藏地方政府全权代表签订了《中央人民政府和西藏地方政府关于和平解放西藏办法的协议》,宣告西藏和平解放。签订仪式上双方代表所用的毛笔与竹笔见证了这一伟大时刻。它们均为中央人民政府特制,制作精美,每件均刻款"和平解放西藏办法的协议签字纪念"和"一九五一年五月二十三日于北京"。1951年7月,文化部文物局将这批文具拨交中央革命博物馆筹备处(1960年8月更名为"中国革命博物馆"。2003年2月,在中国历史博物馆和中国革命博物馆两馆基础上正式组建中国国家博物馆)。如今,这批文具依然珍藏在中国国家博物馆。

当年,中央人民政府委托谁特制了这几支毛笔与竹笔?答案就藏在戴月轩里。戴月轩湖笔制作技艺精湛,产品质量过硬,还曾为多位国家领导人定制过毛笔,因此接到了制作签订仪式专用毛笔的光荣任务。2003年前后,中国革命博物馆工作人员根据馆里的档案记载,带着签订仪式上使用过的毛笔、竹笔原件来到戴月轩,请师傅们再复制5套。总经理陈培新对接了这项工作,才得知原来当年这批毛笔和竹笔是戴月轩特制的。

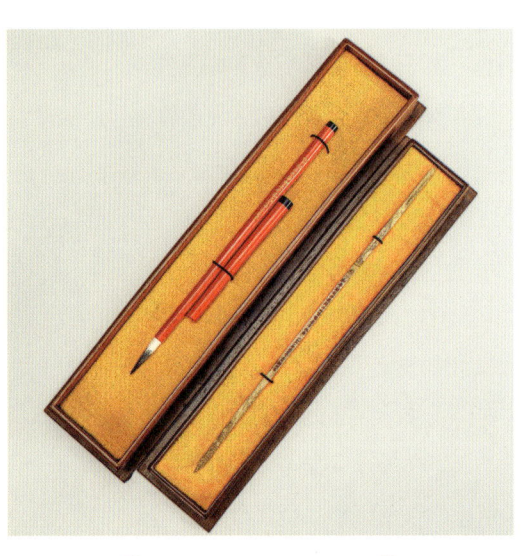

◎ 西藏和平解放纪念笔 ◎

戴月轩的师傅们细致入微地复刻了这两支完成过重大使命的毛笔和竹笔。至今戴月轩店里还保存着一套复制品。令人意外的是，凑近看才得知毛笔笔管的材质是红色的料器，这与传统的湖笔用料不一样。当时为何用这个材料，已不得而知。笔头为羊毫，仿照当时的状态还蘸了一些墨汁。竹笔按照藏族传统竹笔的样式复制，笔管刻有红色的款识"和平解放西藏办法的协议签字纪念"和"一九五一年五月二十三日于北京"，笔头带有一些墨膏。

和平解放，是西藏历史发展的一个重要转折点。而见证了这个历史转折点的戴月轩，始终恪守制笔古训，传续百年，使传统技艺在今天得以赓续绵延，生生不息。

第三节
戴月轩的历史贡献与创新思考

一、戴月轩湖笔制笔技艺的历史贡献

1. 戴月轩制笔在琉璃厂传承

戴月轩湖笔制作技艺在中国近现代毛笔制作工艺史上留下了浓墨重彩的一笔，在毛笔文化史上的追求也超越了以往的各个时期。理性地看，戴月轩湖笔制作技艺源自湖州善琏镇的湖笔制作技法，但有别于传统湖笔制作技法，经过100多年在北京琉璃厂落地生根、发展传承，受首都北京多元文化的浸染，以及当时北京不同制笔流派制笔工艺的影响，因而不拘一格，取百家之长，在技艺上有所突破、融合及创新发展。随着时间的推移，经过五代人的不懈努力，戴月轩逐渐形成了一套有别于传统湖笔制作技艺的独特制笔方法，即戴月轩湖笔制作技艺。其在保留传统湖笔制作技法中羊毫笔配锋技艺的同时，融入北派狼毫笔的制作特点，总结了一套特有的加健技术，形成了一代制笔新风。戴月轩制笔得到书画名家及业内同行的高度赞誉，在行业内独树一帜。

戴月轩湖笔制作技艺深度挖掘湖笔古老传统技艺，使配锋羊毫笔、宿羊毫、鸡狼毫笔、苘麻笔等得以恢复。配锋羊毫笔选用特定地区没有交配、没有阉割的一周岁以内的小公羊颈部的优质细嫩光锋，经过高温熏蒸，通过脱脂软化等特殊工艺处理，精细挑选，制作成笔，使之达到锋齐、颖齐，抚之有丝绸之感，有较强的亲墨性能，久握不败。目前市场上只有戴月轩拥有品质最优、品种最全的配锋羊毫笔。宿羊毫是一种毛的脱脂方法。经过自然晾晒再去除毫毛上的糟粕，选取精华，制成不同款式的羊毫笔。用宿羊毫制笔，可以避免再加工时对毛造成损伤，提升笔的使用寿命。鸡狼毫笔一直被人们所误解。真正的鸡狼毫是秋天公鸡颈部两侧的绒毛，因毛条及颜色跟狼毫接近，故称鸡狼毫。俗话说无麻不成笔，现代人为了方便舍去苘麻制笔技艺。戴月轩口传心授，代代

相传，保留了更好的苘麻笔制作法，较好地保证了湖笔品种的多样性。

戴月轩人不断学习、总结，利用"前店后厂"的经营模式，面对面跟使用者交流，及时得到用户的反馈，不但传承发扬了优良的湖笔制作技艺，还把狼毫笔也推向了一个高峰。狼毫材料选用东北地区冬天优质黄鼠狼尾，采用传统的石灰水、黄黏土等天然脱脂配方及特殊加温方式进行制作。此狼毫笔，聚锋好，弹性强，笔形饱满，耐用性好，受到书家的推崇。戴月轩还把羊毫和狼毫技法相融合，率先使用加健技法弥补毫与毫之间的不足，大大提升了毛笔的品质。

戴月轩一直从古法中寻找灵感。复制经典，不但可以恢复传统工艺，还能够从中领悟到那个历史时期人们的用笔风格和字体形成及发展规律，根据已有的原料和当时人书写习惯，弥补当时的不足之处，制作出具有时代意义的有思想、有生命力的毛笔。这也是毛笔制作业的创新，是行业发展的新的风向标。戴月轩始终保持传统手工笔管刻字，所刻字体具有书法之韵、金石篆刻之美。每一款笔根据用料、功能及特点被赋予美妙的名称。笔头的制作、笔管的配比、笔名的镌刻，无不显示着：戴月轩毛笔是书写绘画的利器，也是精美的工艺品，是中华民族传统文化传承的一种良好载体和体现。

现场定制，给戴月轩的制笔技师提出更高的要求。要求笔师们深刻理解、把握书法及绘画用笔的特点，熟知历史及各家所长，能根据现有材料满足书家要求。

戴月轩湖笔制作技艺延续百年，薪火相传，沿袭师带徒的传承模式，口传身授制笔技艺。戴月轩湖笔制作技艺在弘扬传承湖笔精湛制作工艺的同时，更注重选料、配料、造型上的研发和创新，所做的每一支笔都代表制笔人精益求精的品德。戴月轩传承团队中的制笔师傅文化素质高，能书、善画、精于篆刻，对所制毛笔能亲身感受使用效果，寻求不足之处。他们研究不同动物毛的竖切面形态，观察行笔过程中毛管的运行变化，进行受力分析，在毛料的配料上达到最佳的配伍效果，并根据书画艺术的不同特点做出得心应手的毛笔。制笔师傅的苦心孤诣、奋发进取进一步促进了戴月轩制笔技艺的优秀传承和完善发展。

戴月轩湖笔制作技艺使湖笔制作技艺更加完备，丰富了毛笔的种类，拓展了湖笔文化的延伸和艺术表现，为湖笔文化在北方及全国各地乃至日、韩、东南亚国家和地区的传扬起到了良好的推动作用，为中华传统文化的传播做出了突出贡献。

2.历史资料的保存

戴月轩现有历史资料3份，历史遗存老的制笔工具6件，1918年以后的经典制品20余件。有些老的制笔工具都是制笔师傅根据使用心得自行制作的，大部分工具都是选取牛骨磨制而成。如在水盆梳理动物毛料过程中，牛骨板和牛骨梳起到了非常重要的作用。这些工具伴随戴月轩湖笔制作技艺传承了五代人，都有百年历史，都是非物质文化遗产的"活化石"。

二、戴月轩的创新思考

戴月轩店一直秉承了湖笔的传统工艺，始终保持着"前店后厂"的经营模式。戴月轩制作和经营的毛笔一直是中国笔业中的精品，是许多书画名家、文人雅士案头的珍爱之物。

◎ 戴月轩精美文房 ◎

（一）传承与创新并重

作为中华老字号，戴月轩发展百年，形成了独特的品牌文化，能由当初10多平方米的小店，发展到今日，缘于戴月轩人在传承发展中能做到以下几个方面：

1.诚信铸就品牌

戴月轩作为中华老字号，珍惜品牌形象。百年老店，百年承诺，诚实守信，始终遵循"厚爱其民""消费者第一"的经营理念。

2.以服务打品牌

戴月轩服务理念是"一笔在手，如握春风"，它体现在戴月轩销售的每一支笔都具有品质保障、服务保障。戴月轩在同行业中率先推行了

◎ 戴月轩文房之美 ◎

服务承诺。

3.戴月轩制笔坚守"前店后厂"的模式

由有经验的制笔师傅在笔坊内现场制笔,完成制笔的全部工艺。笔坊不仅能按计划制笔,也为有特殊需求的书画家定制所需毛笔,以满足顾客的多样化需求。

4.连锁经营

戴月轩走出了琉璃厂文化街,先后在北京的翠微大厦、金源燕莎商城等著名商厦内开办"店中店",统一标识,统一质量,统一价格,统一商品包装,统一服务方式,让传统文化商品在现代商厦中展示风采,提高了市场占有率。

◎ 戴月轩琉璃厂西街店 ◎

5.在经营上创新发展

戴月轩不断调整商品结构,提高产品包装,丰富产品的文化内涵,满足专业需求、商务需求、个性需求,从而提高企业的经济效益。戴月轩近几年连续参加"北京礼物"新品大赛活动,其中"北京精神""四库全书""古风古韵""书法入门组合""禅茶一味"等作品获得优秀奖。

企业注重继承和保持传统,也注重与时俱进的创新,在继承传统的基础上有新的作为是企业发展的重点。面临逐渐饱和的毛笔消费市场,戴月轩正在积极探索新的经营方式,努力开辟新的市场。

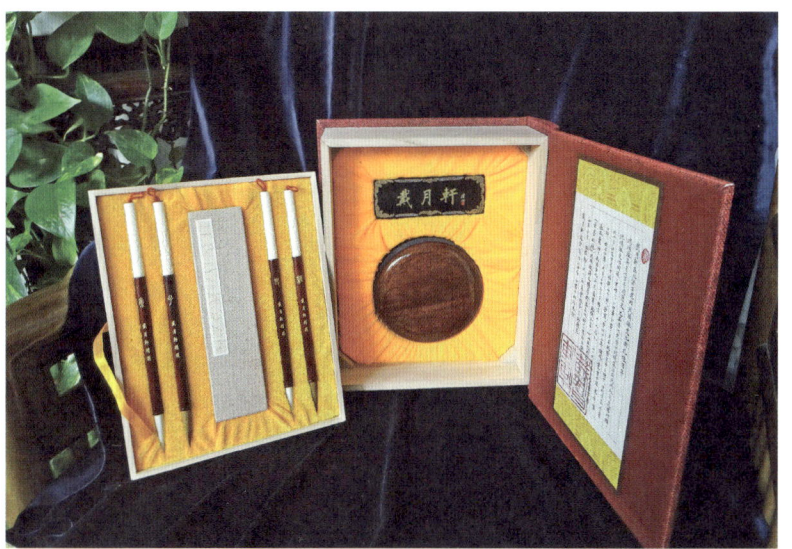

◎ "北京礼物"新品大赛活动获奖作品——"四库全书"套装 ◎

(二)分析现实形势,机遇与挑战并存

发展企业要居安思危,不可有小富即安的思想,要深知"生于忧患,死于安乐"的道理。

20世纪90年代的戴月轩,企业经营并不景气,毛笔的需求越来越少,几乎退出了人们的日常生活。随着市场经济的发展,全国各地的毛笔进入北京,竞争很激烈。戴月轩在北京的大商场的几十个店,很快撤到只有几个店。企业负债经营。为了改变这种状况,戴月轩进行了改制,解放了生产力。2002年,戴月轩开始了在商厦的引厂进店经营模式,自己进驻商厦经营。

如今科技的迅速发展,电脑的快速普及,对书写工具的冲击很大。

以经营笔业为主的戴月轩同样受到了极大的冲击。毛笔的需求越来越少，毛笔的使用已经完全退出日常生活、工作的书写领域，成为书画专业人士的工具。当前需求空间有限，尽管人们的文化需求在日益增加，但总体需求还是很小的，同时受国际经济低迷的影响，国外的需求量也在下降。

毛笔由于是手工制作，制笔工艺只能由历代笔工口传身授、代代相传。至2019年，戴月轩的李树元、郑存宗等老一辈制笔师傅已过世，第三代笔师靳宝刚已70多岁，第四代于天鹭60多岁，且均已退休。做毛笔的工序比较脏累，收入较低，学徒时间长，年轻人不愿学，笔工后备力量非常薄弱，没有形成年龄阶梯。因此，戴月轩湖笔制作技艺面对后续乏人的危机。

作为老字号企业，面对如今的发展形势，既不可盲目乐观，也不能妄自菲薄，企业发展如同逆水行舟，不进则退。

在发展戴月轩老字号品牌的过程中，企业要注重继承和保持传统，而与时俱进的创新，要在继承传统的基础上有新的作为，这是企业发展的重点难点。

古人云："临渊羡鱼，不如退而结网。"老字号要适时地走出去，不能"闭门造车"，要学习好的企业管理方法，探索和创新经营理念，走自主之路、特色之路。固守传统，不是不创新，而是整合性地创新，在不失传统内涵的基础上，与时俱进，顺应信息时代的需求。

（三）戴月轩的未来展望

在新的发展形势下，戴月轩继续坚守"前店后厂"的经营模式，积极调整发展战略以应对新的变化，同时根据消费者的需求而改变经营策略，丰富产品的文化内涵，将民族文化元素融入产品中，调整商品结构，完善文房、文玩系列满足多元化的需求。

戴月轩新时期企业发展战略的三步走：

第一步，发展品牌文化，融入多元化的要素，寻找戴月轩与其他文化产业的有效结合点，以拓宽产业链。

如今的戴月轩则更加注重打造品牌形象和企业文化。随着人们对文化需求的日益增长以及日趋多样化，戴月轩抓住市场机遇，适时开发出满足市场多元化需求的戴月轩毛笔系列文化产品，如纪念笔、礼品笔等。随后，戴月轩又推出了文房四宝传统礼盒。此外，戴月轩宣纸、精品端砚、珍贵文玩也成为店里的新宠。新的销售战略拓宽了戴月轩的顾客群体，扩大了戴月轩品牌的知名度和影响力，使戴月轩销售额逐年稳步提升。这座百年老字号在品牌创新之路上硕果累累。同时，国家出台了扶植老字号的相关政策，助力老字号企业的振兴繁荣。在良好的发展形势下，戴月轩取得了可喜的成绩。

第二步，拓展客户群打造商务名片。

向商务人群拓展，开发衍生品是老字号创新的选择，以此适应市场、寻求新的利润增长点。这些创意产品要充分体现北京特色、景区特色及老字号特色等多种主题元素，将创意"北京礼物"融入日常设计，不仅用于北京市民的日常消费，还可用来作为商务礼品，将其打造成为商务名片。

第三步，紧跟时代脚步，发展电子商务，以网络营销的模式弥补传统销售方式单一的不足。

电子商务代表了一个时代新的发展走向，是时代发展的一种趋势，戴月轩在试水电子商务领域中看到可观的前景，并探讨规划与京都公司进行战略层面的合作，实现从一个传统企业到传统营销和电子商务共存共荣的新型经济实体的转变。

老字号有着悠久的历史文化，以诚信为经营基础，在经营电子商务上独具优势，即诚信优势。老字号戴月轩历经风雨，走过百年，发展到现在，走电子商务之路已是必经之路，是大势所趋。电子商务所扮演的角色，决定了企业未来在线上的发展速度和思路。选择什么样的起点，便决定了企业未来的战略方向和发展高度。千里之行，始于足下，戴月轩对发展电子商务的未来满怀信心。

制笔行业的生存与中国传统文化的保护、发展息息相关。戴月轩一方面要适应时代的发展，不断追求企业的效益；另一方面还肩负着传承文化的使命。2007年6月，戴月轩湖笔制作技艺被列入北京市级非物质文化遗产代表性项目名录。

戴月轩湖笔制作技艺正在积极申请国家级非物质文化遗产，真心希望戴月轩的湖笔制作技艺能够长久地传承下去。2013年9月，戴月轩第五代传承人王后显、滕占敏二位师傅应邀参加了中国非物质文化遗产纪录片的拍摄，展示了戴月轩湖笔传统制作技艺。

第三章 戴月轩湖笔制作技艺

第一节 戴月轩湖笔制作技艺概说
第二节 主要制作工艺

先说说湖笔制作技艺。湖笔制作技艺是指浙江省湖州市善琏镇传统手工毛笔制作技艺,现为国家级非物质文化遗产代表性项目。

湖笔为纯手工制作,制作工艺十分复杂。从原料采集到出厂,一般需要经过设计、选料、拔毛、脱脂、水盆、结头、蒲墩、装套、择笔、刻字等多道大工序,从中又可细分为120多道小工序,制作工匠秉承"精、纯、美"的准则,生产出"尖、齐、圆、健"的成品湖笔。

第一节

戴月轩湖笔制作技艺概说

谈到戴月轩,自然要说起它的湖笔制作技艺。一支戴月轩湖笔的诞生,要经过上百道工序,从最初的设计,到复杂的水盆,再到最后的刻字,每一步都倾注了制笔师傅的心血。此节内容主要从技艺溯源、流传分布、毛笔种类与命名、工艺特征、毛笔的优良品性等几个方面,为大家全面介绍戴月轩的湖笔制作技艺。

一、技艺溯源

戴月轩湖笔制作技艺创始人戴斌自幼在善琏镇学习制笔技艺,掌握了全部工序的技艺,于1916年在北京东琉璃厂开设了戴月轩湖笔店,前店经营,后厂生产。戴月轩制笔保持了湖笔制作技艺,并在制笔过程中不断创新,提出了在羊毫笔中使用加健技术,形成了戴月轩毛笔的品牌特色。许多书画大师喜爱使用戴月轩的笔,并留下过一段段湖笔佳话。由此可以看出,新时代湖笔文化在北京地区的传承和发展。

戴月轩成为传统湖笔制作技艺在北京的一个展示窗口,进一步促进了整个湖笔业的发展,从而扩大了湖笔的影响力。

戴月轩最初以其湖笔而闻名遐迩,现在的经营范围已涉及文房四宝、金石篆刻以及名人字画等。沿袭了建店之初"前店后厂"的特色经营模式，以开放式的制笔作坊为平台，向世人展示了传统的湖笔制作技艺。

二、流传分布

戴月轩初创时建址于北京琉璃厂东街32号，现地址在北京琉璃厂东街73号。戴月轩毛笔制作始终在琉璃厂东街，处于北京市西城区辖区。

琉璃厂大街位于北京和平门外，是一条闻名遐迩的文化街。琉璃厂文化街又是宣南文化的核心区域之一，有着悠久的历史文化传承。琉璃厂因明永乐年间在这里设窑烧制营建皇宫的琉璃瓦而得名，距今有700多年的历史。到清代，是"京都雅游之所"。当时各地来京参加科举考试的举人大多住在这一带，因此在这里出售书籍和笔、墨、纸、砚的店铺较多，形成了较为浓厚的文化氛围。乾隆年间开馆修订"四库全书"，琉璃厂文化街更显得繁荣。琉璃厂以经营文房四宝、古今旧籍、文物字画、历代金石陶瓷等闻名于世，素有"中国民族文化博物馆"之称，被誉为"九市精华萃一衢"的文化街，是古今文人学士、社会名流"以文会友"之地。

如今，琉璃厂文化街被中国文房四宝协会授予了中国"文房四宝第一街"的称号，可见琉璃厂与文房四宝紧紧地联系在一起。不论是中国人，还是外国朋友，很多人在选择文房四宝时首先会想到琉璃厂。琉璃厂已经是文房四宝、古籍书画的代名词。

戴月轩自创建以来在琉璃厂生存发展了百年，深深地扎根在此，与琉璃厂共度风雨。戴月轩湖笔制作技艺成为琉璃厂不可缺失的元素，在此人们可以目睹湖笔制作过程。戴月轩的湖笔也深深地打上了琉璃厂的烙印，成为琉璃厂的文化品牌。

现在戴月轩的经营分店分布于北京西城区、海淀区、朝阳区等多个区。戴月轩生产戴月轩品牌毛笔，经营以湖笔为主营的文房四宝四大类近千种商品，兼营名人字画，在京城颇负盛名。

三、种类与命名

戴月轩湖笔与一般湖笔的大致分类类似,这里再详细介绍一下。

根据毛料种类可以分为三种类型。

第一类纯羊毫类。羊毫的性能柔而健。

品质特征是毛纯颖长,如执润玉。作画则云烟骤起,作书则淳厚秀丽。一笔在握,欣然由之。心旌灵感,佳境必出。

第二类纯狼毫类。狼毫的性能健而韧。

品质特点是毛颖如锥,锋毫如月。抖擞则风云变幻,狂草则惊泣鬼神。执笔在手,神采飞扬。撼天动地,腕下风生。

第三类兼毫类。软豪与硬毫相互搭配,刚柔相济。

品质特征是或楂或鬃各有特色,鸡毫兔毫更见功力。泼墨入神,渲染沧桑,高峰吟咏,披历风雨。执之挥之,有如醉写,醉不在酒而在于意;有如狂歌,狂不在音而在于韵。可达到忘笔忘墨、无形无我的境界。

戴月轩毛笔根据毛锋的软硬程度,又可以分为三种类型。

第一类是硬毫笔。

硬毫笔的制作材料是弹性强劲的动物毛,常见的有以黄鼠狼尾巴上

◎ 戴月轩毛笔 ◎

的毛制成的狼毫笔，以兔毛制成的紫毫笔，以猪鬃制成的鬃毫笔。硬毫笔的特点是弹性适度，笔锋爽利，笔锋吸墨量少，适合快速书写，一气呵成完成作品。

第二类是软毫笔。

软毫笔的制作材料是弹性较弱的动物毛，常见的有以山羊毛和鸡绒毛制成的羊毫笔和鸡毫笔。软毫笔的特点是柔软圆润，毫端柔软，弹性较差，在力度上不易控制，写出的字笔画圆润丰满，棱角模糊，适宜写较大的字和作国画的点染、渲染之用。

第三类是兼毫笔。

兼毫笔顾名思义就是用软毫和硬毫按照一定的比例搭配而制成的笔。通常情况下会用兔毛与山羊毛、山羊毛与黄鼠狼毛、兔毛与黄鼠狼毛进行搭配，如"五紫五羊""七紫三羊"等，均是兼毫笔的名字。兼毫笔的特点是刚柔相济，软硬适中，适合于书法的初学者使用。

戴月轩毛笔按照笔锋的长短，还可以分为三种。第一种是长锋笔。长锋笔的笔锋较长，蓄墨量大，一次性可以写很多字。但是长锋笔对写者的书法功力要求得也比较高。因为长锋笔比较软，想要很好地控制它可不是件容易的事。

第二种是短锋笔。短锋笔则刚好相反，蓄墨量少，笔锋硬度也够，容易掌握。但是初学者容易对其产生依赖，不利于基本功的打造，需要适度把握。

第三种是中锋笔。中锋笔是介于长锋和短锋之间的一种笔形，其软硬适中，是日常书写中最为常用的一种笔。

另外，按照笔头的大小，毛笔又可分为大楷笔、中楷笔、小楷笔等。

戴月轩毛笔种类繁多，每一款毛笔都有自己的名字，有的古朴典雅，有的寓意深远且耐人寻味。

例如"青山挂雪""书成换白鹅""松禅遗制""墨气淋漓"等老笔名，"月照古今""驰誉丹青""暗香浮动""梵音希声""聿脩"等新笔名。每一款毛笔的名字都是引经据典得来，抑或以笔名标明此笔的用途。如"拣选加健羊毫大楷"。所有产品上都刻有"戴月轩"三个字。这些笔名，反映了时代精神，民族特色，与精美的毛笔相得益彰。

四、工艺特征

（一）传统制笔工艺薪火相传

戴月轩湖笔制作技艺发展百年，虽然岁月流转但工艺依旧。

制笔技艺工艺繁复，但不能为追求效率而减省工序，这是戴月轩一直所秉持的。"千万毫中拣一毫"是湖笔工艺严谨的技术要求。以繁复的手法操控简易的工具，制作出看似简单无奇、实则处处精妙无比的湖笔，这正是人工至于究极而为天工，大简若繁、大繁实简的体现。这样制作出的毛笔才能日书万字而不败。

◎ 戴月轩笔坊操作台前，制笔师傅全神贯注地完成各道制笔工序 ◎

（二）核心制作技艺与技术革新

概括地说，戴月轩湖笔制作技艺的核心就是各种制笔技艺技法的综合运用。戴月轩湖笔源于湖笔，但不拘一格，它吸纳了北派狼毫制作技法，品种齐全。戴月轩是以口传身授的披柱法制作湖笔。先做成毛笔头中心的笔柱，然后在笔柱上覆上一层薄薄的披毛，把笔柱紧紧抱住，这种做法即为披柱法。

除此之外，戴月轩还在原有湖笔制作工艺的基础上进行了技术革新。

其一，羊毫的处理工艺。传统的制笔技艺在羊毫的处理方法上沿用泡的工艺。泡就是把原料长时间放到加少许石灰水或碱的水里进行浸泡。通过泡的过程达到去脂、去油、软化的效果。戴月轩在泡的基础上开创了宿和蒸的技艺。宿就是把原料每天在日落时拿到室外，日出时拿回室内，通过自然天气达到去脂、去油的效果。这个过程往往少则几日多则几年。蒸就是把挑选好的原料浸湿后放到锅里蒸，这个过程也要长达3个小时以上，通过这个方法实现去油、软化的目的。

其二，狼毫的处理工艺。狼毫的处理方式和羊毫的处理方式完全不同，在去绒后一定要用石灰水浸泡，浸泡时间的长短根据石灰水的浓度、温度、尾毛的产地有所不同。泡完之后还要进行加温。这个过程不能用锅来蒸。戴月轩的独到之处是将砖烧热后，把尾毛蘸淡石灰水放到热砖上炮干，之后自然凉透。要求砖的温度要合适，过高或过低都达不到理想的效果。

其三，笔头的制作过程。按照披柱法分成笔柱，做好披毛，最后成形，捆扎粘好后，还要进行更细致的修整，常称为择笔。一般湖笔的择笔是很多毛一起揪，很是浪费。而戴月轩的择笔则不同，从里到外，从尖到根，根根检查，层层选拔，反复调试，最终达到书写的最佳效果。

其四，独特的刻字工艺。传统湖笔刻字工艺要求双刀刻字，而戴月轩湖笔的刻字手法则是单刀刻字与双刀刻字相结合。单刀的用法相当于书法家使用毛笔，每个字按照笔画写出来，不仅要刻出金石味，还要求有书法的美感。这就要求刻字师傅具有高超的书法功底，才能使笔与字浑然一体。还能在笔管上"作画"，把中国传统绘画技法展现在笔刀之下，几刀下去，山水花鸟跃然笔管之上，巧夺天工。

五、好毛笔的优良品性

从传统意义上来讲，一支毛笔好坏的判断标准一定要符合"尖、齐、圆、健"笔之"四德"。"四德"标准是在毛笔形制发展过程中逐渐发展完善起来的。明代笔坊总结而成的"尖、齐、圆、健"并不是对毛笔笔头简单的总结,而是对一支好毛笔笔形及使用效果的全方面总结。"四德"的标准前文已提及,此处再详细讲解一下。

(一)尖

尖要求笔保持合理锐度,更为重要的是,要求笔锋在书写状态下反应敏锐,收笔时自然收锋。无论硬毫、软毫,笔体须挺直坚实,锋颖须精纯而锐利,笔锋书写时才能灵敏收尖而不开叉。

尖是个相对标准,过分尖即虚。笔锋过虚易软,过饱满则僵,因此笔锋要既尖又挺才好。要保持锋尖,择毫必须干净,不能有倒毫,否则会破坏笔锋的一致性,导致发力不均而散锋。

锋要尖,但要把握好度,否则宁愿稍微圆钝些。尖关键在于选取毫料锋颖的性能。锋颖要坚挺,才能尖如锥而杀纸性强。那么事先的选毫步骤便十分关键。尖就是锐利,故"四德"又有"锐、齐、健、圆"之说。在书写状态中,人们往往用"锥画沙"来形容毛笔的尖利。

(二)齐

就使用而言,齐要求行笔中笔尖平稳,受力均匀,能达到万毫齐发的效果;就制作毛笔而言,齐要求做到笔锋齐,副毫齐,披毛齐。如果笔锋齐,副毫齐,披毛也齐,毛笔"四德"的齐在制作工序中就算解决了。

齐另有齐备之义,也可指毛料的纯杂及毛笔手感均匀的一致性,既包含了材料的质量要求高,也涵盖了对笔性的要求。

在制作工序上,笔锋齐并不难,而处理齐与尖的关系比较难。齐则毛多必使笔锋僵笨,尖则毛少而笔锋容易虚弱无力。这关键在于处理好毛料的搭配和笔形的取舍,既齐且尖,才为好笔。

值得注意的是,齐很容易让人误解为笔体里的所有毛料都长短一致。制笔全在衬工,中心长,层层包里,鳞次渐长,层层递进。在笔锋要求齐的前提下,笔形上的尖可以通过加短毛衬垫来实现。

(三)圆

圆要求笔身外观呈圆锥形,饱满、匀称而没有凹凸,这是从外形而言。就使用角度而言，指行笔时笔体受力均匀，书写时圆融无碍，笔力浑厚。

圆一直都是好毛笔的基本特性。圆要求选料的合理搭配，混毫均匀调和。没有凹凸不平的地方，才能做到周身圆润饱满。

就外形而言，笔身正才能圆。笔锋扁或笔头不周正，用笔就会扁而薄。圆与笔根入管是否端正也有关系。

（四）健

尖、齐、圆均在外形上能有所体现，健则需要在毛笔使用中得以验证。健简单指弹性，实则为整体协调后所产生的韧性。没有尖、齐、圆做基础，就无从谈健。前三者为形，后者为神，形神兼备方为好笔。健是毛笔最终的综合使用效果。

健关键在于书写时富有弹性、落笔时劲健有力，收笔时毫颖挺立。具体而言，笔锋健要求副毫、被毫衬贴得法，腰以下的毳毫以及麻衬饱满圆浑。衬垫欠火候，辅助层次简率，则腰力疲软，笔根无力，笔锋自然无从劲健。健的检验方法就是把笔头放在手指上绕圈而不涩滞。刚柔相济才可称为健。刚，就是圈停提起，笔头自己能收得尖整；柔，是指头上绕圈时，不觉笔头僵硬。

以上就是毛笔的"四德"，即制作一支好毛笔的四项标准。

毛笔除了"四德"，还有重要的一点，就是笔的耐用性。自古以来，这一直也是衡量好笔的重要标准之一。国画大师潘天寿曾称："四德再加经久耐用，合为五德。"经久耐用也包括毛笔使用的稳定性，即久用不乏。耐久的标准大致可以用书写字数来衡量。一支戴月轩生产的大楷笔可书写万字而不败。拿最费笔的小楷字来说，戴月轩生产的小楷笔同样能写数千字而不坏。这里举两个实例。曾经一位古稀老人用戴月轩纯狼毫小楷书写四万字，毛笔锋颖依然健在。还有戴月轩一名店员讲过，一位客人带来一支20世纪50年代的老毛笔，因笔管开裂来修。虽经过了半个世纪，这支羊毫笔锋颖健在，半透明的黑子足有笔头的三分之一长。这些都能从侧面说明戴月轩毛笔确实用料精良，质量好，耐用。当然，毛笔的寿命取决于材料、制作以及书写等综合因素，不可一概而论。

第二节
主要制作工艺

戴月轩湖笔制作工艺是以羊毛、狼毫等动物毛为原料进行制作，经过设计、选料、拔毛、脱脂、水盆、结头、蒲墩、装套、择笔、抹笔、刻字等百余道工序，才形成了戴月轩独特的湖笔制作风格。

一、原料和工具

（一）笔头制作原料

戴月轩的湖笔之所以受人喜欢，除了要经过百道工序打磨，更重要的一点就是品质好。选料精是戴月轩湖笔的显著特点。我国地域辽阔，动物资源非常丰富，可以用于制作毛笔笔头的动物毛的种类很多。而且同一类动物的毛，由于其品种、产地、性别、猎取季节、采取部位不同，毛料的长度、性能、质量等差异也很大。一支毛笔主要由笔头和笔

◎ 制作笔头的原材料 ◎

管两部分组成。戴月轩湖笔笔头的料主要来自于羊、黄鼠狼、野兔、石獾、香狸子、貉子、马、猪等动物的毛。有些植物也可以用来做笔头。

现将常用来制作笔头的毛料介绍如下。

1.山羊毛

我国几乎各地都养殖山羊。用于做笔的是白色山羊毛，以长江三角洲地区所产山羊毛为最佳，特别是湖州、宜兴、无锡、苏州地区所产的以桑叶为食的山羊的毛为制笔的优质材料。其毛色洁白似玉，毛管粗细匀称，锋颖细长嫩润，透明发亮，历来被推为优中之优。其中又以立冬以后、立春以前者为最佳。主要选采部位包括皮毛、尾毛和须毛。

山羊毛的质量与所在身体部位也有关系。同一只山羊身上采的毛，质量也不相同，可分成若干个品种。通常根据毛管及锋颖分成光锋、尖锋、尖头、平头四大类。光锋、尖锋为特级，尖头次之，平头最末。在雄性山羊颈上和脊背前部的毛为光锋，脊背后部的为细长锋，腿上采的毛称正脚爪锋、副脚爪锋。没有阉割和交配过的雄性山羊身上的光锋最好。

2.狼毫

狼毫采用的是黄鼠狼毛，准确地说是它尾巴上的毛。黄鼠狼是黄鼬的俗称，广泛分布于全国各地。制笔所选用的狼尾选取于哪个地区的黄鼠狼也是有讲究的，最好的是东北地区的，尤其是冬天东北地区的黄鼠狼最为珍贵。东北地区，严冬时节，气候寒冷气温低，黄鼠狼为了御寒，尾毛浓密，长而坚挺，毛管粗壮，锋颖细长，质量最佳，用来做笔头最好。黄鼠狼尾毛质量差别很大，名称也不尽相同。黑龙江、吉林、辽宁产的黄鼠狼尾毛质量最好，俗称东北元尾、北尾、冬尾等。以东北元尾为例，其根部的毛料较短，而尾巴尖部的毛料尾杆弯曲，无锋颖，呈秃状，一般都不适合制作毛笔，但可以做衬垫用。其最佳采毛部位是尾巴中部，这个部位的毛料毛管粗壮、挺拔，锋颖细长，手感光滑细润，弹性较强（雌性的稍细软），颜色呈黄褐色或火红色，长度4~5厘米。见雪后猎取的称为二秋尾，隆冬至立春前猎取的称为大秋尾。此两种都是一级毛料，做笔头材料质量最好。山海关、张家口和内蒙古自治区一带产的黄鼠狼尾俗称京东尾，质量次于东北元尾。长江以南各地产的黄鼠狼尾毛，由于冬季温度高，尾毛稀疏，锋颖短，质量差。史载北方的笔工多擅长制狼毫笔，这当然与狼毫的地域性有关系。元代北京笔工张进中制作的狼毫笔名声最著。他所制作的狼毫笔受到赵孟頫、王恽等书家的喜爱，也受到皇帝的推崇。南方笔工则以制作紫毫笔、羊毫笔为主。在这里要说明，戴月轩湖笔技法融合了南北技法，所以说制作羊毫、紫毫、狼毫笔皆擅长。

3.山兔毫

山兔毫是最早筛选出的最佳制笔原料。兔毫制笔以古代宣州地区最为著名，又称紫毫笔。长江中下游地区产的山兔，毛长，毛管粗壮挺拔，锋颖细长，坚硬如锥，深受笔工喜欢。以仲秋至正冬猎取的毛质最好。凡制紫毫笔必选秋兔，而秋兔又以仲秋时节的兔毫为佳，"孟秋去夏近，其毫焦而嫩；季秋去冬近，其毫脆而秃"。兔毛长而有力者称为毫，短而软者称为毳。一张兔皮上称为毫者较少，其中又分为7种花色（7种等级）。最为上等的为紫毫。生长在从前腿往后一直到脊背上的一圈毛称为兔颖，有光泽，锋颖细长，坚锐如锥，腰部粗壮，健强有力，根部稍细，长度4～5厘米。兔颖又分紫毫和白毫两种。紫毫的尖部和腰部都呈黑色，根部呈灰色，颜色由腰部开始至根部逐渐变浅。紫毫锋锐健挺，适合做成小楷笔。精挑细选的紫毫产量极少，因而非常珍贵。白居易有诗云"千万毫中拣一毫，紫毫之价如金贵"。白毫的尖部呈淡黄色，腰部呈黑色，根部呈灰色，和紫毫相同，根部颜色比腰部浅。除了兔颖，根据锋颖的长度又分三花、四花、五花等。以三花最好，锋颖长达1厘米，与兔颖基本相同。紫毫、白毫和各种花毛可以掺和在一起制成紫毫笔。

4.石獾毛

石獾分布于长江沿岸和以南地区，以冬季猎取的最好。石獾毛尖部淡黄色，腰部灰黄色，根部灰白色。毛管粗壮直顺，坚强挺拔，手感粗糙，锋颖尖锐，触之有扎手感。颈部和脊背上的毛挺拔有力，锋颖细长尖锐，适宜做笔柱，腹部两侧的软些，适宜做披毛。

5.香狸毛（尾毛及针毛）

香狸分布于长江流域及以南地区。香狸尾巴的颜色，由约8个黑、棕、黄（或白）相间的环状组成。尾毛颜色亦如此。黑色尾毛的锋颖较黄色尾毛的锋颖细些，有的黄色尾毛的锋颖也呈黑色。

深秋和冬季猎取的香狸，尾毛质量最好，针毛质量也好。其他季节猎取的香狸针毛都很短，一般不能用于制作毛笔。

香狸尾毛长3.5~4.5厘米。毛管直顺、粗壮挺拔，根部稍细，腰部较粗，锋颖细长尖锐，刚力强。长江中游湖北省蒲圻至安徽省安庆一带产的香狸尾，毛长，密度大，毛管粗壮挺拔，锋颖细长尖锐。用香狸尾毛与黄鼠狼尾毛掺和在一起做狼毫笔柱，增强了狼毫笔的刚性，使用效果不亚于单纯用黄鼠狼尾毛做成的狼毫笔，还节约了黄鼠狼尾毛，降低了成本。香狸尾毛与山羊毛掺和在一起制成的羊毫笔，增强了羊毫笔的刚性，使用效果也很好。

单纯用香狸尾毛制成的毛笔，笔锋尖锐，刚强如针，适用于修复画像和陶瓷彩绘，可以与用纯山兔毛制成的紫毫毛笔相媲美。单纯用香狸毛制成的油画笔，使用效果也很好。

香狸针毛的毛管较尾毛细，毛管根部更细，锋颖尖锐，长度一般不超过3.5厘米，可用于做中档狼毫笔的衬垫，特别是做画笔的衬垫，增强了笔腰的健力，使用效果很好。

6.貉子针毛

貉子针毛即貉子皮上的针毛。貉子广泛分布于全国各地。

貉子针毛尖部呈黑色，腰部呈淡黄色，根部比腰部稍粗。冬季猎取的貉子，针毛质量最好。我国东北、西北各省出产的貉子针毛，长度约68厘米，毛管粗壮，挺拔有力，锋颖细长，尖锐健硬。长江以南各省产的貉子针毛稍短，毛管直顺，刚柔适宜，锋颖细长尖锐。用貉子针毛为主要原料，掺加适量的山羊毛和猪鬃做笔柱，用山羊毛做披毛制成的兼毫提笔和抓笔，笔头长度可以达到7厘米。笔尖刚中含柔，笔腰健强有力，含墨量大，吐墨均匀。

7.马毛、马腿毛、马鬃毛、马尾毛

马毛指马的皮毛。马毛有各种颜色。通常选来做毛笔的马毛有白色和黄色两种。马毛的采集季节,以秋季和冬季质量最好。内蒙古自治区草原上放牧的马,传说是清代晚期,为提高骑乘马的质量,从国外引进了良种马放养的。这些马长年奔驰在千里草原上,身体健壮,又没有被使役,马毛的锋颖没有磨损,因而马毛质量最好,俗称"口外马毛"(张家口以外)。其长度一般约35厘米,毛管粗细匀称,细腻柔软,锋颖较细,拢抱力强,通常选作披毛。海拉尔一带的马,其毛比口外马毛稍粗些,也可以选来做披毛。其他地区的马,多都经过使役,毛管粗糙,锋颖磨秃,不适宜选做毛笔。

白马毛多和白山羊毛掺和在一起,也可以单纯用白马毛做白云笔的披毛,利用的是马毛细腻柔润的特性。修掭后,笔头表面光亮细润。使用时马毛紧紧地"抱"住笔柱,效果很好。黄色马毛用作低档笔的披毛,利用黄马毛的颜色和黄鼠狼尾毛颜色相似的特点,制成仿狼毫笔。这种仿狼毫笔,如果笔柱衬垫得当,使用效果虽不如狼毫笔那样刚柔相济,显得稍微柔软些,但价格便宜,适宜初学者选用。

马毛长度在5厘米以上的较少。选用这样的黄马毛做披毛,用白山羊毛掺加适量刚性附料做笔柱制成的笔,即为"兼毫",价格比狼毫笔便宜得多,使用效果也较好。

马腿毛俗称马蹄毛,有多种颜色,通常选用白色和黄色两种。马腿毛的毛管较马毛粗壮挺拔、直顺,锋颖不明显,长度一般在5厘米以上。用马腿毛做披毛制成的笔,比用马毛做的笔的笔腰健性更好些。

马鬃毛和马尾毛都较长,其毛管粗壮挺拔、直顺,无锋颖,着墨不变形,是我国用以制作毛笔的尾毛中最长的原料。笔头长度超过30厘米的大笔,用山羊毛是难以完成的,只能用马鬃毛和马尾毛来做。

8.猪鬃

猪鬃指野猪背上的刚毛,分白黑两色,以多山及寒冷地区的产品为佳,因其具有长而刚健的特性,可以弥补兔毫、狸子毛及狼毫等不能制作大笔的缺陷。猪鬃毛与羊毫一起用于制作大笔,效果颇佳。

9.鸡毫

家禽及飞鸟的羽毛也常用来做毛笔的披毛，用来调整笔毫的软硬程度。最常见的就是鸡毫笔。

鸡毫笔是毛笔的一种，用鸡的有柄细羽及鸡绒毛为原料制成。鸡毫笔的使用源于宋代。其毫性极软，锋颖不锐，一浸墨汁，含水过多，腰软无力，近乎无锋可用，只依毫势书写，腻滞难行，无高深的书法功力难以驾驭，不适宜初学者使用。因其使用的局限性，在书法上并未普及。历史上最著名的使用鸡毫笔进行创作的是清代书法家何绍基。他擅用鸡毫笔，成为当时书法界的一大奇景，获得了极高的声誉。今天鸡毫笔的制作一般都与狼毫相配，做成鸡狼毫笔这样的兼毫笔，使其柔软之性得以中和。

10.胎毛笔

胎毛笔是用婴儿出生后第一次理下的头发做成的毛笔。胎毛笔的历史可追溯至唐代。相传，古代有考生用胎毛笔考中状元，故又有"状元笔"之称。每一支胎毛笔都寄寓着父母的厚望与祝福。胎毛笔可以用来写字，现在则以珍藏为主。

戴月轩自建店之初，就有定制胎毛笔业务。经过百年的发展，戴月轩胎毛笔制作工艺成熟，样式丰富，种类多样，深受年轻父母的喜爱。戴月轩还开发了制作夫妻结发笔、合家欢笔（用全家人的头发混合在一起来制笔）的业务。

11.植物纤维

除上述动物毛类，还可以利用植物纤维做笔。如竹丝笔，即以竹质纤维为原料制成的一种毛笔，最适合表现大字飞白书。这种笔在晋时便广为制作和使用。将鲜嫩的竹秆用硬物捣出竹丝，然后用极具韧性的竹丝制作毛笔。竹丝笔在王羲之的《行书帖》中展现了自身的价值。这也告诉我们竹丝笔适合用来书写行书。竹丝笔在宋代仍有使用的记载，之后逐渐淡出了人们的视野。

苘麻也是用来制作毛笔的常见植物。古法制笔多以苘麻为原料，古语云"十笔九麻"。选用苘麻的韧皮纤维，表面不光滑，吸墨多且吐墨均匀，着墨后变硬，增强笔的腰力，能延长笔的使用寿命。一直以来，苘麻都是非常理想的衬垫材料，特别是做狼毫笔的衬垫。在羊毫笔柱中掺加适量苘麻，以增强腰部弹力，使用效果非常好。

还有一种新型的制笔材料——尼龙丝材料。尼龙丝做笔一直以来备受争议，对于它的好与坏很难评判。最早用尼龙材料制作毛笔的是日本人。后该法于20世纪90年代传入江西文港。

尼龙材料主要用作制作兼毫笔的辅助材料，在较软的羊毫中适量添加，可增强毛笔的弹性及摩擦力，更便于初学者掌控。但是，在狼毫材料价格日益上涨的今天，掺加尼龙材料，有鱼目混珠之嫌。而且，在制笔材料中如果大量添加尼龙丝，虽增大弹性，但却损害了真正毛料的吸水性，练毛笔字变味成了硬笔字。

总之，戴月轩的制笔材料丰富，毫料以羊毫、狼毫、紫毫、狸子毛等为主，其他材料对于丰富毛笔的种类及书法绘画创作起到了重要的补充作用。

（二）笔管材料

笔管质量的优劣，直接影响笔的执握和运笔的平衡。

制作笔管的材料比较丰富，最为常用的莫过于竹管，其次为木管。至于金、银、玉、瓷、象牙、玳瑁、琉璃、珐琅、大漆等珍贵材料，多为增加装饰性所用，而且以艺术品居多。笔管以轻便实用为主要追求。自古以来，竹管一直是制笔最为常用的材料，中、小型笔多用竹。竹管轻便、挺直、耐用，价廉物美。竹子分布广泛，生命力旺盛，易采集，而且素有"君子"之雅称，象征坚贞和气节，颇受文人喜爱。用来制作笔管的竹子种类也颇为丰富，普遍以青竹、凤眼竹、斑竹、湘妃竹等为主。大体而言，要求竹秆不宜粗，竹节间距不过短。就地域而言，制笔的竹子以浙江、四川等地的出产最为有名。浙江余杭县的文武竹是制作笔管的好材料。

自古以来，西北地区少竹，正如用木做木简书写一样，制笔也多用木管。木管多以黑檀木、紫檀木、鸡翅木、红木等为原料。使用名贵木材制作笔管主要是用于雅玩或收藏。

（三）制作工具

1. 笔头制作工具

包括水盆、特制钳子（铁制大夹子）、平板、材子板、尺板、牛骨梳、卡尺、切刀、修笔刀（择笔刀）、锋刀。

2. 笔管制作工具

包括拉刀、起线刀、绞刀、锥刀、刻刀、布轮、木车床等。

◎ 全部制笔工具 ◎

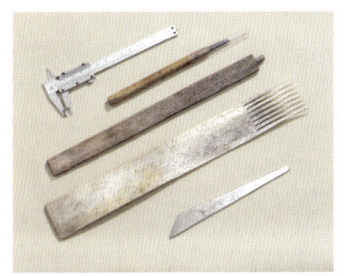

◎ 制笔工具（一）◎

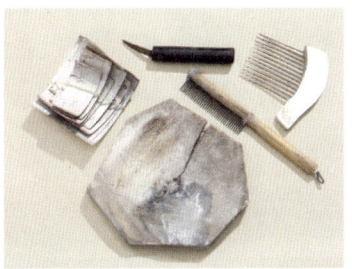

◎ 制笔工具（二）◎

◎ 制笔工具（三）◎

二、工艺流程

戴月轩的每一支毛笔都是制笔匠人经过繁复的工序精心打造出来的。随着时代的发展，制笔工艺也得到不断改良和完善，发展至今日，毛笔的制作工艺已经形成了一套完善的工序流程。

戴月轩湖笔制作技艺采用披柱法制笔。披柱法技艺复杂，需要经过上百道工序。不同品种的毛笔，所用材料的种类亦不同，工序的多少也不同。用单一毛料制成的笔头，工序较少。原料品种越多，工序亦越多。下面将戴月轩制笔的主要技艺流程介绍如下：

（一）设计

根据使用者实际需求或书画的题材需要，制定毛笔的用料配比方案、尺寸、规格等。在制作之前先研究笔头需要哪种毫毛，笔管需要哪种材质，找出最适合毛笔的特点，进行设计制作。

（二）选料

好笔贵在笔毫。制作上等毛笔对笔料的产地、采集季节及部位均有严格要求。负责此环节的师傅需要熟知每一种毛的品质、性能和用途，并根据每一种原料的长度、颜色、直顺情况做细致的挑选，不仅要合理利用原材料，还要发挥其特性。

（三）拔毛

为了保证尾毛的长度，黄鼠狼和狸子尾巴上的毛只能手拔，而且要顺势码放好。不同动物毛取毫的手法不同，因材质而异。

（四）脱脂

将选好的毫分类整理后，下一步就是脱脂，主要目的在于去脂除污。由于动物毛上往往沾有油脂及污垢，为了增强笔毛的吸墨能力，就要除去这些油垢。不同种类的毛料须采用不同的处理方法，以达到最优的处理效果。最常用的处理方法有4种：

1.石灰水去脂法

石灰水去脂是一种古老的方法，是将整理好的毛料毫根部竖置于新鲜石灰溶液中浸泡，以去除毛料的油垢，使之成为熟毫。《笔经》也有关于此法的记载："采毫竟，以纸裹石灰汁，微火上煮，令薄沸，所

◎ 脱脂 ◎

以去其腻也。"显然，这里使用的是石灰水加热处理法。加热石灰水时间不能长，稍微沸腾即可。此外，也可以用冷石灰水浸泡，毫毛一夜即变为黄色熟毫。但要注意，不可浸泡太深，防止熟毫过度或锋颖受损。浸泡的时间与石灰用量，根据毛料种类的不同而有差异。此道工序关系到笔头的耐用程度。脱脂后，再将毛料反复梳理，去除附在其中的石灰渣和杂毛等。脱脂工序看似简单，其实关系重大，脱脂的程度要恰到好处，才能够达到毫与毫之间相互吸附，增加凝聚力。这也是湖笔工艺的独到之处。

2.水蒸气去脂法

毛料整理成型后用水清洗，然后捏成团用纸张包裹成漏斗状，使其底端平整，放置于带孔格的栅栏上，用锅隔水蒸沸，即成熟毫。其好处在于除污去脂的同时，也对毛料有塑形作用，使略有弯曲的毫料变得直挺。猪鬃粗硬，多略带弯弧度，蒸时在水中加些醋，可使酸碱度达到平衡，通过高温膨胀，挤压定型，弯猪鬃即可变直。

除了水蒸气法，还有蒸煮法。高温蒸煮约两小时，去掉毫毛中上部以及残余的油脂，以便增强毛锋吸墨能力。蒸煮后再悬挂一晚以便冷却定型。把握蒸煮的时间非常重要，羊毫去脂时间过长，毛笔沾水就会变得软弱无力；去脂时间太短，则毛上仍然沾有油污，容易导致笔头在书写时蓬松、迟钝。

3.自然去脂法

制笔的毛料宜陈宿、多晒，污垢尽去，便可以使用。戴月轩选用的羊毫要经日光久晒，或者自然长久保存，毛料达到陈、宿、洁、白，便可投入生产。不过，在日光下暴晒容易使毛料老化，导致使用寿命打折扣，所以用自然去脂法更为妥当。将整理好的羊毫晚间露天放置在室外，通过夜露以及空气慢慢使脂肪自然风化。这样处理过的羊毫称为宿羊毫。古代宿羊毫脱脂要历时三年时间，方可用于制笔。日久放置自然脱脂的羊毫更加柔软并且易于储墨。

4.揉搓去脂法

这种方法是把毛料清洗、挤干后，放入草木灰和黄土，加热后，反复揉搓，直到油脂去净，毛管干净直挺。

无论哪一种方法处理不好都会损伤锋颖和毛管，导致毛笔寿命减损。现在除了传统的脱脂法，还可以利用化学方法来对毛料进行脱脂，但容易损耗和减弱毫料的功能。

（五）水盆

水盆又称水作工，是制作毛笔极为复杂、极为关键的工序之一。这道工序是要将浸在水盆中的笔毛理顺，带湿剔除不适合做笔的杂毛、绒毛、无锋之毛等，并将整理成半成品的笔头去绒、

◎ 去绒工艺 ◎

◎ 水盆技艺中的拨锋工艺 ◎

齐毫、垫胎、分头、做披毛多道程序。如羊毫水盆要经过抖、联、挑、合、圆等15道工序；兼毫水盆要经过浸、列、配、做、搅等22道工序；狼毫水盆要经过拔、中、索、做、起等13道工序。

◎ 齐毫工艺 ◎

1.齐毫

梳子梳刮出羊毛片根部的绒毛，然后用大拇指和食指捏住绒毛部分，在牛骨板上将羊毛的尖部根根对齐。羊毫用右手齐毫，狼毫用左手齐毫。这也是在多年齐毫过程中总结的经验。

2.做笔头

先用薄刀片取适量的衬毫，滚成笔头形，称作笔胎。圆笔时旁边要

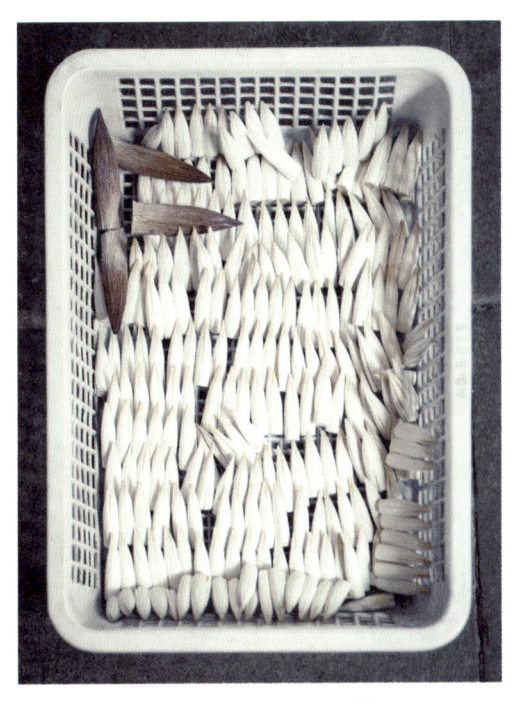
◎ 晾晒待干的笔头 ◎

◎ 制作笔头 ◎

放一个笔管,通过加减笔毛,使圆出的笔头大小适中,恰好能放在同样大小的笔管中。

(六)结头

结头,也叫扎毫,是将水盆工序做好的半成品笔头进行结扎,即用

◎ 结头工艺 ◎

丝线把半成品的笔头结扎，然后黏合到一起，确保不掉一根毛。在此环节，制笔师傅必须要做到笔头底面平整有序，线箍深浅松紧适当，才能保证毛笔在使用时不掉一根毛。结头对于前期毛笔的制作及后期毛笔的使用具有关键性作用。

（七）蒲墩

精挑细选笔管的过程叫蒲墩，需要逐根挑选，把干裂、虫蛀、变形、粗细不均的笔管剔除；按笔的各种规格要求选出色泽、粗细、长短一致的笔管。为了保证笔管的质量，制笔师傅要准确掌握笔管的尺寸、类型、用途、质量等鉴别知识。

（八）装套

装套是把制作好的笔头和选择好的笔管按规格对号进行组装。此工序需要完成把笔管的两端锉平，然后用刀在笔管上挖一个空洞，把制作好的笔头套到洞中。要求锉头平，脐口平，保证毫毛不脱。洞的大小及深浅也有严格要求。

（九）择笔

择笔又称修笔，是对前面工序做成的半成品毛笔进行检验并修整的工序。这是戴月轩湖笔制作技艺中关键的技术环节。笔头粘牢后，用择

◎ 择笔工艺 ◎

笔刀对笔头进行最后的整理，对笔毫的每一个部位从头到尾仔细检查，择掉不符合制作标准以及影响书写效果的杂毛。有书写问题的笔头，经过稍作整理可使之达到质量要求。最后，将笔头整形，达到"尖、齐、圆、健"的品质要求。择笔对产品质量的好坏影响很大，也是一个相当精细复杂的环节。在此过程中要做到注意力高度集中，心平气和。

（十）抹笔

抹笔是把笔毫捻和成笔头形状的工序。这是笔头定型前的关键一步。具体方法是将鹿角菜液加适量清水熬至透明糊状，待凉后把需要整形的毛笔笔头浸泡于鹿角菜液中，使液体均匀渗透笔头，取骨梳理顺笔头，用虎口或者细绳把多余菜液挤净，再用细软毛刷理平顺外围披毛，再用手一遍遍地抹光，当抹到一定的程度后，方可定型。抹笔要求笔柱清透，披毛直顺，笔体圆正，外观光滑，要达到"光、白、圆、直"的标准。羊毫笔头要求的"光、白"就要靠手抹的技巧来体现。笔头的"圆"与"塌"也全凭笔工的手感进行调整。最后，把抹好定型好的毛笔装入笔筒，放置阴凉通风处晾干。忌烈日暴晒或高温烘烤，以免笔头变形或开裂。

◎ 抹笔头 ◎

（十一）刻字

用平口刀、月牙刀等工具在笔管上刻字。戴月轩的湖笔会在笔管上刻上笔名、生产日期及戴月轩制等内容，诸如刻"云姿鹤态，己亥仲春，戴月轩精制"字样，要求美观性与实用性并存。当做好这一步的时候，一支制作好的毛笔将要面世了。刻字对制笔师傅的要求极高，要求制笔师傅对字体笔画的结构和字的排列谙熟于心。在小小笔管上不需写上字，能直接下刀从容地刻出来，字体排列均匀，不拼刀、不偏刀、不漏刀、不脱体，笔画平整，还要有书法的艺术性，实在不容易。高明的制笔师傅可以在笔管上篆刻行、草、隶、篆、楷等不同字体，小则有米粒大小，还有人可以在笔管上刻全篇的《岳阳楼记》，让人叹为观止。有些笔管上的字古朴厚重，能够透过刀锋见笔锋，显露出制笔师傅在书法、绘画以及篆刻等多方面的深厚功力。

◎ 刻字工艺 ◎

（十二）其他工序

此外，还有贴商标、包装等工序，对成品的毛笔进行最后检验，将质量合格的产品贴上商标，装盒。

第四章 制作技艺的传承

第一节 传承谱系

第二节 老一辈传承人

第三节 现今主要传承人

第四节 戴月轩湖笔制作技艺的发展现状

第五节 技艺的保护价值

第六节 戴月轩湖笔制作技艺的保护与传承

第一节
传承谱系

戴月轩湖笔制作技艺历经百年的传承与发展,历经五代人的不懈努力、创新与完善,终于形成一套独特的制笔技艺,可谓薪火相传,长盛不衰。其传承脉络清晰有序,为中国传统手工艺的传承与发展做出了突出贡献。

◎ 传承人合影。2012年戴月轩第二代传人92岁的李树元(前排中)应邀到笔坊指导,留下了珍贵的合影。合影人还有靳宝刚(前排右二)、于天鹜(前排左二)、陈培新(前排右一)、王后显(二排左二)、韩金路(前排左一)、玉宝(二排左一)、张玉卷(最后排)、余同军(二排右一)、滕占敏(二排右二)◎

一、创始人
戴斌

浙江湖州善琏镇人,字月轩,生于1880年,卒于1963年。1916年,他在东琉璃厂32号开办戴月轩湖笔店。戴斌制笔技艺高超,掌握了羊毫湖笔特殊配锋技艺,开在羊毫笔中加健之先河。他的主要贡献:其一,在北京琉璃厂创立戴月轩湖笔店;其二,创造独特的融合南北派技艺的戴月轩湖笔制作技艺,传承有序,先后带徒弟30余人,包括王魁刚、胡芹杭、冯福恒、李树元、郑存宗等。戴斌把自己全部湖笔制作技艺传授给徒弟,使得戴月轩湖笔制作技艺代代相传。

二、第二代传承人
(一)李树元

李树元,男,生于1920年,卒于2013年3月,拜师时间为1938年。他刻字技艺精湛,一生喜爱钻研书画艺术,其笔管刻字带金石气,丰富了戴月轩毛笔的品质内涵。为《关于和平解放西藏办法的协议》签字笔刻字。此笔现存于中国国家博物馆。

(二)郑存宗

◎ 第二代传承人李树元在刻字 ◎

郑存宗,男,1944年拜师戴斌,熟练掌握干作技艺中的择笔工序,能让使用过的老旧毛笔再获新生,修笔刀在握几十年。

三、第三代传承人

自1962年起,冯福恒开始带徒弟,有李月珍等5人,教授他们水盆工序。李树元带徒弟有靳宝刚等4人,教授他们刻字工序。他们是戴月轩第三代传人。

靳宝刚

靳宝刚，男，生于1945年，师从李树元，学刻字及干作，掌握刻字技艺。他不断钻研毛笔知识，对制笔的各道工序了如指掌。其笔管刻字字体厚重而不失灵动，后期负责戴月轩毛笔的质检工作，确保戴月轩毛笔质量，对毛笔品质严格把关。

四、第四代传承人

◎ 戴月轩第四代传承人于天鹥 ◎

（一）于天鹥

于天鹥，女，出生于1955年，戴月轩湖笔徽墨有限责任公司原董事长、总经理。1993年拜师靳宝刚，对湖笔的设计、配料有独到的研究，汲取了北派制笔技艺的精华，逐步完善戴月轩湖笔制作技艺，将湖笔技艺发扬光大。在于天鹥的带领下，戴月轩不断创新发展，焕发出蓬勃生命力。

（二）陈培新

陈培新，男，1967年3月出生，戴月轩湖笔徽墨有限责任公司董事长、总经理。1993年拜师靳宝刚，掌握干作技艺，后走上领导岗位，引领企业全面发展，负责戴月轩湖笔制作技艺的全面保护和传承工作。

五、第五代传承人

（一）王后显

王后显，男，出生于1976年，拜师时间为2007年，师从于天鹥，从艺20年。他对湖笔制作的水盆工序研究精到，尤其对毛毫的配比有着深入的研究，研习配锋绝技，掌握湖笔制笔技艺的全过程。他把南、北派制笔技艺融合，使戴月轩毛笔融会更多元素，制作出深受书画家喜爱的毛笔，使戴月轩湖笔制作技艺得到进一步发扬传承。同时，他肩负技艺传承的重任，带徒弟4名。主要传承作品有"书画映心""无上妙品""秋兴八聿"等。

（二）滕占敏

滕占敏，男，出生于1971年，拜师时间2007年，师从于天鹭。他对湖笔制作的干作工序研究精到，如结头、装套、刻字等。尤其在笔管刻字工艺上具有炉火纯青的造诣，这源于他对书画的热爱和钻习。他能够书写楷、草、隶、篆等多种字体，山水、花鸟的绘画基本功较强，所以才能够在笔管上实现书画艺术效果，篆刻出具有艺术价值的作品。多年来，他的作品深受顾客及藏家的喜爱。带徒弟2名。主要传承作品有"福寿狼毫金牌毛笔""秋兴八聿"等。

第五代传承人们现为戴月轩笔坊主要传承群体，并肩负带徒传艺的重任。

第二节
老一辈传承人

在古老的琉璃厂街,流传着这样一句话:"西有荣宝斋,东有戴月轩。"这两家百年老店是琉璃厂文化的精髓所在,也是来琉璃厂街必逛之处。戴月轩笔店创建于1916年,创办人就是戴斌。戴月轩创办之前已经积累了相当丰富的制笔经验,而当时的北京城,这一文人墨客汇集的文化古都更为戴月轩的发展提供了得天独厚的条件。

一、李树元

李树元拜师于1938年。李树元的父亲在西琉璃厂做生意,他看重戴斌的人品,把儿子送到戴月轩那里学徒。李树元性格内向,但学习刻苦,他学习的是刻字工艺。为了刻好字,他天天在小楼上(当时他住的地方)练习毛笔字。辛勤的付出使他很快地掌握了刻字技艺,经过不懈努力,他的刻字技艺日臻成熟,刻在笔管上的字带有金石气,丰富了戴月轩毛笔的品质内涵。1951年,戴月轩为和平解放西藏签订仪式特制毛笔,把刻字的重任交给了李树元。他认真地做好字体、排位等工作,成功地完成了任务。此笔现存于中国国家博物馆。

李树元不仅能够熟练掌握刻字技艺,而且能够钻研书画艺

◎ 李树元在为毛笔刻字 ◎

◎ 李树元92岁时和徒弟靳宝刚在一起 ◎

术、金石篆刻。在退休后，他继续刻字、练字、习画。他的书房门上挂着自题的匾额"神州画院"，落款"聿工"。"聿"也是笔的称谓。

二、郑存宗

郑存宗十三四岁便在戴月轩做学徒，于1944年正式拜师。他熟练掌握了干作技艺，从业50余年。郑存宗擅长修笔，工作态度认真，有耐心，能够使一支已经用得秃废的笔再获新生。他修笔刀在握几十年，以精湛技艺赢得众多书画家和初学者的好评。

郑存宗曾为画家齐白石老先生、中医孔伯华老先生、画家汪溶老先生等文化名人制笔送笔上门。

郑存宗为客人选笔时有一句口头语："我的笔保你好用。"有的客人连续几十年都找他选笔、买笔。退休后，他还在戴月轩发挥余热。

2002年的一天，郑存宗下午来得特别晚。同事们一看他走路不对劲儿，说话也不清楚，就赶紧送去了医院。经检查他得了脑血栓。康复后，74岁的郑存宗不得不离开了工作了60年的戴月轩。

◎ 82岁郑存宗在择笔 ◎

三、于天鹭

于天鹭出生于1955年，曾学习中国传统工笔画，造诣颇深，并且深通传统文化及文房四宝知识。1993年，于天鹭成为戴月轩新一代掌门人。当时戴月轩发展不平衡，受市场冲击比较大，企业不景气。她对企业进行了一系列大刀阔斧的改革，使企业改制重组，成立了戴月轩湖笔徽墨有限责任公司，并担任董事长。她的一系列改革使戴月轩重新步入正轨，焕发出新的活力，从此进入了崭新的一页。于天鹭对湖笔的设计、配料有独到的研究，汲取了北派制笔技艺之长，使戴月轩毛笔制作技艺融入了更多元素。可以说，戴月轩发展至今，于天鹭功不可没。正是在她多年的努力下，戴月轩湖笔徽墨有限责任公司日益壮大，在激烈的市场竞争中脱颖而出，成为行业的龙头，在京城制笔行业中独树一帜。

2006年底，北京市政府召开促进老字号座谈会，于天鹭向市领导汇报了戴月轩毛笔的制作、经营情况。民族传统手工技艺发展到今天，因其自身的局限性，无时无刻不面临着失传的困境。谈到了笔坊的建设困难时，市领导说："做笔的做到现在不容易，你们一定要坚持做下去，有什么困难说，政府支持你们！"2007年4月，市委领导及西城区委领

◎ 于天鹭为外国友人介绍毛笔 ◎

导一行,专程到琉璃厂戴月轩视察了解情况,有政府的坚强后盾做支撑,有社会各界的关注做动力,戴月轩传人更加满怀信心地将戴月轩湖笔制作技艺这一非物质文化遗产传承光大。

新时期戴月轩不断开拓进取,于天鹭积极与市、区相关部门沟通,依靠政府的支持,弘扬老字号传统文化,实施企业发展战略,开发建设毛笔生产作坊,恢复戴月轩老字号"前店后厂"的经营模式,开展特色经营。于天鹭说,她来到戴月轩,就要让戴月轩发扬光大,不能让戴月轩制笔技艺在自己手中失传,否则自己就是千古罪人了。

于天鹭为人谦和,事必躬亲,处处与企业员工打成一片,心系企业,以戴月轩为家,是一位不折不扣的能人。店里销售繁忙的时候,她会和员工一起卖货,一站就是一天,从未喊过累。她总说:"我的员工比我辛苦得多,我做这点儿工作不算什么。"于天鹭为戴月轩的发展积极探索、不断创新,取得了较好的成绩。她先后荣获原宣武区爱国立功标兵、优秀党务工作者,北京市巾帼建功标兵,全国巾帼建功标兵,2012年度首都劳动奖章等多项荣誉。这些荣誉的背后是她为戴月轩的发展所付出的辛苦。

第三节 现今主要传承人

一、戴月轩第四代传承人兼掌门人——陈培新

陈培新现为北京戴月轩湖笔徽墨有限责任公司董事长兼总经理,戴月轩湖笔制作技艺区级非物质义化遗产代表性传承人。

20多年来,陈培新通过严谨扎实的工作,使戴月轩一步步振兴,重新发展壮大,成为文房四宝行业的领军企业。他为戴月轩笔坊培养了

◎ 陈培新在制笔 ◎

多位技术人才,使戴月轩湖笔制作技艺成为北京市级非物质文化遗产项目,为戴月轩企业的发展及戴月轩湖笔制作技艺的传承做出了卓越贡献。

1993年,陈培新拜戴月轩第三代传承人靳宝刚为师,开始潜心学习湖笔制作中的干作工序。经过多年的刻苦学习,他的技艺逐步提升,深得其精髓,并在传统技艺中推陈出新,加以完善,成为该项技艺的集大成者。他对工作精益求精,自行设计、制作多款深受书画界喜爱的毛笔,赢得了书画界人士的认可。陈培新负责戴月轩笔坊的生产及人员管理、后备人才的培养工作,在戴月轩湖笔制作技术创新、产品开发等方面发挥着核心作用。戴月轩不断推出精品毛笔、毛笔套装礼盒,受到市场欢迎。他一直坚持从事湖笔制作的工作,并亲自授徒,传道授技。

在他的精心管理下,戴月轩笔坊已经有了一支稳定的制笔师队伍,能满足市场的各种需求。

2007年,由于工作需要,陈培新走上了领导岗位,为了使戴月轩湖笔制作技艺得到更好的传承,戴月轩笔坊招收多名制笔工,学习制笔技艺。2008年,他收武杰为徒,传授毛笔干作工序。在戴月轩传统的师带徒方式下,陈培新言传身教,毫无保留地把所学制笔技艺传给武杰。现在武杰已经能够熟练掌握干作中的择笔、抹笔等多个工序,还能跟师傅讨论做笔心得,寻找自身的不足加以改正。2012年,戴月轩又招募了新人陈骉。陈培新继续带领陈骉学习制笔技艺。陈

◎ 陈培新指导徒弟制笔 ◎

骍现已能够独立完成干作的一些技艺流程，并以极大的热忱，踏踏实实工作着。

陈培新作为戴月轩湖笔制作技艺的第四代传承人，从事制笔工作多年，不但掌握了戴月轩湖笔技艺的干作工序，而且在新笔设计等关键工序亦精益求精，日臻成熟。他推出的作品包括"北京精神""桂林一枝""天开文运"系列套装湖笔，主持并设计了戴月轩"北京礼物"系列产品，包括"圆梦北京""燕京八景"系列文房礼盒。2020年，陈培新在百忙之中，设计制作了结合现代工艺的储墨行囊笔"聿修"，参加了首届文房用品创新设计大赛。

他与王后显、滕占敏合作设计的"松竹梅"毛笔套装荣获北京传统手工艺作品设计大赛传承奖铜奖。

陈培新多次代表戴月轩参加市、区组织的非遗展、老字号展演、中国文房四宝博览会展。2012年参加台湾省非遗项目展演； 2014年、2016

◎ 作品"松竹梅"获得北京传统手工艺作品设计大赛传承奖铜奖 ◎

年应湖州市政府邀请，参加湖笔文化节并在湖笔文化论坛上进行演讲等活动，展示湖笔手工制笔技艺。他为戴月轩湖笔制笔技艺的传承发展，做出了重要贡献。

陈培新在企业发展过程中看到了笔工人数的不足，新招募了学徒工，其中包括3名残疾人。现在的戴月轩笔坊具有较好的生产能力，销售渠道也顺畅，能够形成良性循环，笔工的待遇不断得到提高，传承人带徒弟也能获得一定补助，还制定了激励机制，这些都有利于戴月轩湖笔制作技艺的传承。

戴月轩在陈培新的领导下，制定传承人管理制度，积极选拔、培养了第五代传承弟子。在戴月轩工作的近30年时间里，陈培新脚踏实地，一步一个脚印，从制笔工成为企业领导者、非遗传承人。同时，他以弘扬祖国传统文化为己任，将笔之"四德"作为制笔和做人的标准，以德制笔，以德做人，用"四德"精神，维护老字号的声誉，促进老字号的发展，传承戴月轩湖笔制作技艺，引领着戴月轩人在创新发展的道路上勇往直前。

二、戴月轩第五代传承人、北京老字号工匠——王后显

制笔技师王后显，现为北京市级非物质文化遗产代表性传承人，戴月轩湖笔制作技艺第五代传承人，戴月轩笔坊负责人。

王后显从事制笔工作20余年，是制笔行业的突出人才。他掌握了戴月轩湖笔技艺的全部工序，尤其在配料、水盆的关键工序方面更是技艺高超。他自行设计、制作多款深受书画界喜爱的毛笔，赢得了书画家们的认可。作为戴月轩笔坊的主要负责人，他在戴月轩湖笔制作、技术创新、产

◎ 王后显制笔 ◎

品开发等方面发挥着核心作用。作为主要制作者,他为北京故宫博物院成功复制多套皇家藏笔,有着成熟的项目实施经验。

王后显怀着对书法的热爱,初中毕业就到山东一家湖笔厂当了学徒,不久便在众多徒工当中脱颖而出,被厂部推荐到北京进行技术交流,随后留在北京深造。王后显留在北京主要学习北派制作毛笔之精华,多方拜师,虚心求教,苦心钻研,终于领悟北派制笔的真谛。在戴月轩制笔师傅的教授下,他掌握了湖笔的最高境界配锋工序,而且在传统的基础上有所创新和优化。

2001年,王后显被戴月轩聘请为制笔技师,主要负责制作高档产品、研发、定制以及售后服务等。在戴月轩这个平台上,他可以和顾客以及书法家面对面交流,研讨书法理论,了解市场潮流,结合传统工艺,形成了他独特的制笔新风。王后显不仅能把名派技艺相互融合,扬长避短,而且能一个人从头到尾把一支笔做完,在当今行业中堪称技术能手,是制笔行业中的佼佼者。

戴月轩制笔深受书画家的钟爱,众多书画名人都光顾戴月轩,定制

◎ 王后显讲解制笔技法 ◎

毛笔，这使王后显有更多机会去探索毛笔制作的新内涵。王后显在制作毛笔的过程中能按照书画家的不同需求，进行考证，反复试验，不言放弃，使得毛笔的品种不断增加，不断满足市场个性化需求。

制笔行业曾经流传一句话："只知笔头向上，不知笔头向下。"意思是说以前的制笔工没什么文化。新时代的笔工展现出了新的面貌，王后显工作之余潜心研习书法、绘画，在这两个领域均有较高造诣。他经常查阅资料，了解古今制笔情况，在古法基础上又加入新的元素，用心制作，多次获得单位的学习进步奖，被评为优秀员工。自戴月轩笔坊成立以来，他一直担任技术主管。

王后显在戴月轩秉承传统制笔工艺，潜心研究，大胆创新制笔工艺，以便更好地服务于大众，能为客户制作出更多具有个性的毛笔。多年来，他屡出佳作，作品多次参加中国文房四宝博览会展及非遗作品展，屡获大奖，得到书画界同人的高度评价。

王后显作品"气壮山河"纯羊毫笔，采用湖笔制作独特的羊毫配锋技艺制作，2012年被中国文房四宝协会评选为文房四宝博览会金奖。

他与滕占敏合作的"书画映心""无上妙品"纯狼毫套装毛笔，2015年入选北京市商务委员会、北京老字号协会开展的"寻找北京老字

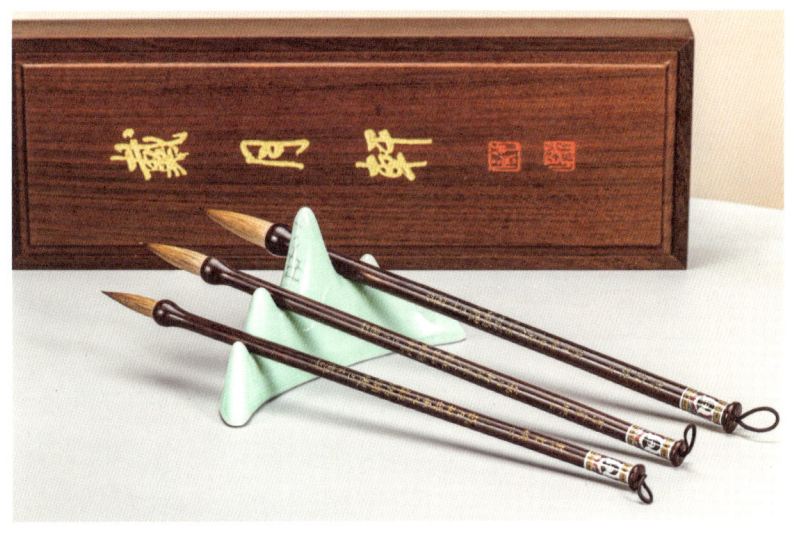

◎ 王后显作品"书画映心" ◎

◎ 王后显作品"无上妙品" ◎

号原汁原味代表性产品名录"。

他与陈培新、滕占敏合作的作品"松竹梅"毛笔套装荣获北京传统手工艺作品设计大赛传承奖铜奖。

他与滕占敏合作的作品"秋兴八隶"荣获2020年首届文房用品创新设计大赛新锐奖。

2021年由王后显、滕占敏联袂制作的中国共产党成立100周年献礼作品"指点江山"莲蓬斗笔荣获第二届文房用品创新设计大赛传统组金奖。

作为戴月轩第五代传承人,王后显肩负湖笔技艺传承的重任,他现在带徒弟3名,言传身教,传授湖笔制作技艺。王后显多次代表戴月轩参加市、区组织的非遗展、老字号展、中国文房四宝博览会展、非遗技艺走进校园、湖州湖笔文化

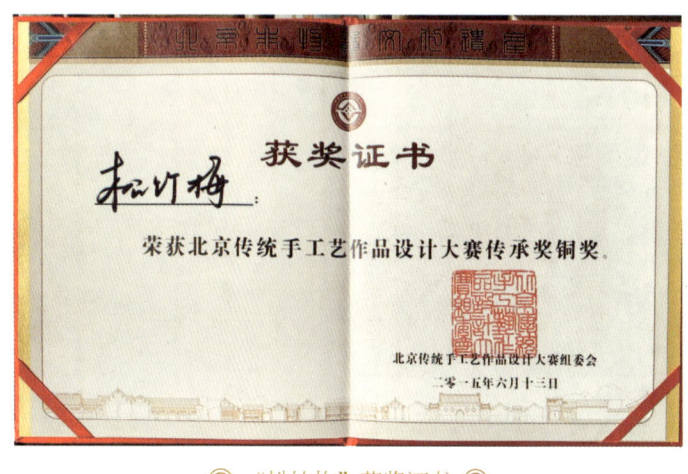

◎ "松竹梅"获奖证书 ◎

◎ 王后显手把手指导徒弟制笔 ◎

节等活动,积极传播民族传统文化,展示手工制笔技艺。他为戴月轩湖笔制笔技艺的传承发展做出了重要贡献。

三、戴月轩第五代传承人、滕氏竹刻字体创始人——滕占敏

滕占敏,山东莱州人,书画家、竹刻家、制笔技师,戴月轩湖笔制作技艺第五代传承人,区级非物质文化遗产代表性传承人。

滕占敏自幼酷爱书画篆刻,追随魏晋亦慕唐宋,尤精于小楷,每日临池不辍。厌追时风,不求名利,逐渐形成自己独特的风格。尤擅竹、木、牙、角刻字,有独到见解和风格,刻有北大方正滕占敏竹刻行楷字体。他为秉承中国传统手工制笔刻字技艺做出了很大的贡献。

滕占敏被誉为中国笔管刻字"笔刀"第一人。其刀锋上的笔力几乎无人能出其右,可谓透过刀锋看笔锋。其刻字承古意,下笔如有神。

滕占敏生于制笔世家,初中毕业后于1987年在莱州市苗家村制笔厂随祖父滕书智、母亲李春莲系统学习制笔工艺,为日后的湖笔制笔技艺打下了良好的基础。1990年,他加入莱州市制笔厂,从事制笔工作,主攻刻字专业。

1992年后莱州制笔厂改制,滕占敏先后到延福笔庄、照清笔庄、威海文林堂工作,从事毛笔制作及刻字工作。2005年至2007年3月,在韩企制笔厂工作。多家制笔企业的磨砺,让他掌握了融通百家的制笔及刻字技艺。

2007年4月至今,滕占敏在北京戴月轩从事制笔工作,主攻刻字。同年,他拜师戴月轩第四代传承人于天鹫,系统地学习湖笔干作技艺。他能够掌握干作的择笔、抹笔等工序,是一专多能的人才。他书法基本功扎实,掌握了各种书体的特点,与当代许多书画家结下了深厚的友谊,经常和他们相互切磋技艺,吸取书画界同人的艺术之长,刻字水平居本行业前列,并将篆刻技艺延伸到竹刻、木刻、金石篆刻。其作品深受收藏家喜爱,他被认为国内数一数二的刻字名家,以刀代笔,以竹为纸,在竹质笔管上创制独特的竹刻体。

戴月轩日常销售中常会有顾客需要在笔管、笔盒、笔架上刻上寄语和祝福,有的顾客还需要篆刻印章。滕占敏都能够优质快捷地为顾客提供服务。

2008年北京残奥会期间,马来

◎ 滕占敏在刻字 ◎

◎ 滕占敏在结头 ◎

西亚总理夫人到戴月轩购买笔、纸等书写用具,在接待时翻译提出为总理夫人写一幅书法作品,滕占敏欣然书写了"福"字。总理夫人非常喜欢,高兴地握着滕占敏的手说:"谢谢!谢谢!"并同他合影留念。

2009年6月,美国电影艺术与科学学院的西德·盖尼斯主席夫妇来到戴月轩观看湖笔制作,滕占敏为夫妇两人书写了一幅"琴瑟和谐",夫妇两人很高兴,同他合影留念。

滕占敏不骄不躁,立足本职,不断钻研岗位服务技能,和同事们一起结合不同书体用笔的特点,研讨怎样才能制作出更适合当今书画家的毛笔,为更多的书画爱好者提供更优质的产品,为戴月轩老字号发扬光大积极工作。

滕占敏入职戴月轩以来获得了诸多荣誉。2009年,他被评为"宣武区企业技能小能手"。

2015年,他与王后显合作的"书画映心""无上妙品"纯狼毫套装毛笔,入选北京市商务委员会、北京老字号协会开展的"寻找北京老字号原汁原味代表性产品名录"。

他与陈培新、王后显合作的"松竹梅"毛笔套装荣获北京传统手工艺作品设计大赛传承奖铜奖。

2017年,北大方正滕占敏竹刻行楷字体发布,他在竹秆上刻了9000多个字,做成国内首款竹刻字体。

◎ 滕占敏竹刻作品 ◎

2020年,他与王后显合作的作品"秋兴八畫"荣获首届文房用品创新设计大赛新锐奖。

2021年,滕占敏、王后显联袂作品"指点江山"荣获第二届文房用品创新设计大赛传统组金奖。

◎ 作品"秋兴八畫" ◎

滕占敏作为戴月轩第五代传承人,也肩负湖笔技艺传承的重任,现带徒弟一名,言传身授,传授湖笔技艺。

陈骉,男,北京人,出生于1983年6月,31岁,聋哑人。2013年来到戴月轩工作,拜戴月轩第五代传承人滕占敏为师,从事毛笔刻字工作。滕占敏耐心地与其交流沟通,手把手传授技艺。陈骉凭借一股不服输的执着劲头和对篆刻的喜爱,反复练习,不辍钻研,终于练成了精湛的刻字技术。

◎ 第五代传承人滕占敏指导徒弟刻字 ◎

制作技艺的传承

第四节

戴月轩湖笔制作技艺的发展现状

1956年公私合营后，戴月轩一直处于稳步发展中。近10年，在人民文化需求快速增长的情况下，戴月轩的发展进入了快速路。在市场经济激烈竞争的环境下，虽然钢笔、签字笔得到广泛应用，电脑、手机等新工具的书写功能日趋完善，但是毛笔作为中国书画专属工具，其所蕴含的文化价值和艺术价值是无可替代的。

毛笔的发展难点是后备力量相对薄弱。做笔又脏又累，学习时间又长，现在的愿学者很少。就算是有人愿意学，培养出来的笔工有的干了两三年，技术掌握了，还是会跳槽走人，对于企业来说是无可奈何的事。戴月轩湖笔制作技艺与很多传统手工技艺一样都面临后续传承的难题。

在危机中抓住机遇。近些年毛笔又重新走入了人们的视线，越来越多的学校把书法、绘画纳入学校的课程体系。毛笔因与书画密不可分的关系，仍有它不可忽视的价值，也必定会随着人们文化生活水平的提高而继续发挥它独特的作用。

现在文化市场需求趋于多样化，戴月轩适时开发出了适应多样化消费需求的产品，同时积极拓展消费渠道，在天猫商城建立戴月轩旗舰店，通过线上线下结合的方式来适应社会发展的趋势。

在近现代，中国的毛笔店铺大多以"前店后厂"的形式出现，改革开放后，由于企业转制或者规模扩大，"前店后厂"逐渐淡出人们的视野。但戴月轩一直保持着这个经营模式，重点开发建设了开放式的笔坊。戴月轩人把毛笔的制作当作一项文化产业来经营，让顾客看到一个真实的戴月轩。笔坊不仅是戴月轩手工制笔技艺的传承地，更成为中华笔文化传播的场所。

戴月轩的笔工一直恪守"颖毫纯净精中拣，聿师竭巧德为先"的制笔古训，以德为人，以德制笔。新一代的笔工有知识，有文化，改变了过去笔工文化水平相对较低的局面。有经验的制笔师傅会钻研书画艺术，亲身感受笔的使用性能，并深入研究不同动物毛的竖切面形态，观察单根毛的粗细变化，进而进行受力分析，使戴月轩所制毛笔在毛的配料上达到最佳的配比效果，从而能根据书画艺术的不同特点，制作出书画家得心应手的毛笔。戴月轩在制作三大类毛笔时各扬其长，各尽其用，特色化并多样化，以满足消费者的个性化需求，从而也发展了戴月轩毛笔的制作技艺。

戴月轩笔坊制作的每一支毛笔都能达到"四德"标准和"五毫"品质，每一款新毛笔在出厂之前，都会找知名书画家来试笔，寻找毛笔使用中的不足，寻找解决方法，从而使书画家达到得心应手的使用效果。这是戴月轩湖笔技艺得以更加完善必不可少的举措。

戴月轩湖笔制作技艺不拘一格，博采众长，吸纳了北派狼毫制作技法中刚力充足的制作优点，从而极大地丰富了我国毛笔制作的品类，为传承传统手工技艺，推动民族湖笔行业发展做出了卓越贡献。

随着人们对文化需求的日益增加及多样化，戴月轩抓住机遇，不断开发新产品，将毛笔的定位从原来单一的实用型向实用与收藏型兼容，旅游、商务礼品型等综合功能转变。这样丰富了产品的文化内涵，满足了专业需求、商务需求、个性需求、高端需求，从而提高了企业的经济效益。

戴月轩在湖笔技艺传承与创新发展方面做了一些有益的尝试，收到了很好的成效，赢得了书画同人的赞誉和书画市场的认可。

戴月轩湖笔制作技艺至今已有百余年的历史，经历了五代人的努力，延续着传承。目前的存续状况比较好：戴月轩笔坊具有较好的生产能力，自产自销，经营管理严格，经营理念与时俱进，能够形成良性循环；笔工的待遇得以不断的提高，传承人有企业津贴，带徒弟也会获得一定的补助；实现激励机制，有利于戴月轩湖笔制作技艺的传承。但是，戴月轩仍然面临着笔工的招工难、"坐住"难的问题，用工市场活跃，年轻人流动性大，如何保持一代代的传承，保持拥有一支稳定的笔工队伍，还需要戴月轩人的不懈努力，需要全社会对笔工的社会地位的认可。

湖笔制作技艺在传承和创新发展方面任重而道远，同时也面临诸多问题。书写工具的革新、对经济利益的片面追求、湖笔制作人才短缺等，使传统湖笔制作技艺受到很大冲击。与此同时，制笔企业在发展中又遇到了原材料价格上涨、劳动力成本增加、市场竞争激烈等新的问题。

弘扬与发展中国传统文化的精髓——毛笔，需要全社会为之努力。

第一，面对如此困难，戴月轩坚定信心，正视困难，迎难而上，把传承湖笔制作技艺作为义不容辞的责任来抓，不断克服发展中出现的难题。高度重视，注重发挥优势特色，通过各种途径加大宣传力度，进一步打响特色品牌。坚持传承与创新，在保持传统特色的基础上，根据市场需求，抓住机遇，加大创新力度，进一步做大做强产业。

第二，通过法律途径保护原料产地，确保原材料优质，真材实料，不弄虚作假，规范湖笔消费市场，维护湖笔真材实料的声誉。希望湖笔界能够加强行业自律，以弘扬湖笔文化为己任，减少不正当竞争，制笔人应以德制笔，以德做人，用心制作，赋予湖笔新的生命，不偷工减料，不粗制滥造。

第三，希望政府及相关部门进一步加大对传统文化的弘扬与扶持力度。湖笔文化内涵深厚，不能只以经济指标衡量，希望政府及相关部门出台一些具体的扶持措施，如通过政策、税收、行政等具体激励手段，鼓励年轻人从事传统行业，加快培养新人，使湖笔行业后继有人，为湖笔产业创造更好的发展环境。

第五节

技艺的保护价值

自古至今,一件作品之所以存在并流传下来,是因为其具有多方面的价值因素。价值主要来自历史、文化、经济等多个方面。这些因素相互作用,相互影响。当历史和文化价值越来越被人们认可时,经济价值势必会凸显出来。

一、历史价值

毛笔的历史功绩,有口皆碑。中国是一个具有悠久书写文明历史的国家,中国书画文化在一定的意义上就是毛笔的文化。中国是世界上文献典籍遗存最多的国家,它们无一不是由毛笔写成的。从1916年建店到如今,戴月轩已有百余年历史。从20世纪三四十年代开始,它曾为书画、文学、艺术大师如齐白石、鲁迅、郭沫若、陈半丁制作毛笔,到新中国成立,更为毛泽东同志、周恩来同志制作毛笔。在这百余年的发展历程中曾为伟人、书画家提供了书写工具,具有很高的历史价值。戴月轩湖笔制作技艺也为中国毛笔行业发展提供了重要的实践依据。

二、文化价值

中国有着书画同源之说,所谓同源,就是说中国书法与绘画都起源于原始图腾,同时也源于使用工具——毛笔。

毛笔作为中国上下几千年的书写和绘画工具,在发展过程中不断改进,从聿,到笔,到具有"四德"特点和"五毫"的品质,都体现着人类智慧和文化的结晶。戴月轩湖笔本身也体现着浓厚的文化底蕴,每支毛笔上都刻有自己的名称,也会根据用毛的质地、品种,笔的用途、书写效果或是以吉祥祝福语等进行命名。这些都可以说是传统文化的体现,具有较高的文化价值。

文化无国界，源远流长、博大精深的中国书写文化，不但对于中国本土的文化发展具有重要作用，而且对于世界各国也具有深刻影响，特别是一些文化与中国有着较多的渊源的国家，如日本、韩国、新加坡等国的书法艺术，也大都沿袭了中国古代各大书法名家的传统。由于书写传统的共通性，许多国家的人们对于中国传统毛笔深为热爱，如日本书道——柳田世家、中村素岳等用戴月轩毛笔几十年；泰国公主诗琳通到中国学习书画，专程到戴月轩挑选毛笔。戴月轩毛笔为中外文化交流做出了一定贡献。

三、使用价值和经济价值

随着社会的进步，钢笔、圆珠笔、电脑等新的书写工具相继问世，逐渐替代了毛笔在生活中的实用性，但是毛笔仍有着其不可或缺的作用，那就是与书画艺术结下的不解之缘。毛笔作为书法绘画事业的必备工具，必定会随着人们文化生活水平提高而继续发挥它独到的作用。许多书画名家都喜爱用戴月轩的毛笔进行创作，并有诸多优秀的书画作品问世。

毛笔本身也是中国传统的艺术品，它必定随着经济飞速发展的进程，文化生活日新月异的提高而得以不断发展，成为人们珍贵的收藏之宝。如戴月轩现存的一支1928年制造的"圣洁雨露"笔，一直都备受收藏家的青睐。北京故宫博物院也藏有戴月轩的毛笔。

戴月轩在满足大众文化产品的消费的同时，亦选取上等黑檀、紫檀、金丝楠木等做笔管，制成高档毛笔。产品价格也从原来的几元、几十元，发展到如今的几百、几千，甚至上万元。随产品档次的提高，戴月轩毛笔的经济价值也飞速提升，产品销量持续上涨，经济效益日益增高。戴月轩在创造出更高经济价值的同时，也带动了琉璃厂乃至西城区区域经济的发展，为文化产业的复兴，发挥了自身的作用。

第六节

戴月轩湖笔制作技艺的保护与传承

在漫长历史岁月中，一支支毛笔寄托的是脉脉亲情，含蕴的是书香门第的儒雅，见证的是中华文化的厚重。然而，当代书写已显沉寂，从毛笔到硬笔，再到键盘无纸化，毛笔基本上退出日常书写工具的行列。书法也与实用书写脱离，成为一种须专门学习的艺术。毛笔失去了最广泛的使用群体，市场销售大幅下滑，毛笔产业整体上的萎缩也就成了必然的趋势。在传统制作技艺尚可维系传承的情况下，工艺和技术的退化也十分明显。事实上，部分传统产品的制作技艺已经失传。传统湖笔制作技艺失传的危机更直接地表现为后继乏人。在湖州各主要湖笔生产企业中，40岁以下的笔工已屈指可数。由于做笔实在辛苦，因而一些年轻人不愿再从事这个行业，一些制笔企业也出现了传承断代。戴月轩湖笔也受到很大冲击。作为项目保护单位急需积极采取措施加以保护。

一、保护单位的保护情况及能力

北京戴月轩湖笔徽墨有限责任公司作为戴月轩湖笔制作技艺项目的保护单位，有责任、有义务做好技艺的传承和保护工作。经过企业及技艺传承人的不懈努力，2007年6月，戴月轩湖笔制作技艺被列入北京市级非物质文化遗产保护项目，其保护和传承从此走上了规范、健康的发展之路。现有北京市级代表性传承人1名，王后显；西城区代表性传承人2名，陈培新、滕占敏。现有项目代表性历史资料3份；历史遗存的工具6件；历史遗留制品20余件，最早的制品制作于1918年。现戴月轩企业设立了陈列室；有专人负责整理老艺人的口述记录；收集有关戴月轩湖笔制作技艺的相关文字、图片及视频数据，做到数据翔实，有据可考。同时，珍藏各个历史时期戴月轩传承人有代表性的作品及使用过的工具。

笔坊项目的扩建，设立了专门的非遗展示区，能让更多的人近距离了解戴月轩湖笔技艺的全过程，起到更好的宣传和推广作用。

项目保护由第四代传承人陈培新总负责，下设项目保护领导小组，由4名专职人员组成。第五代传承人王后显任笔坊主任，负责生产制作工作，制笔工10人。笔坊面积60平方米，店面销售、传播活动面积600平方米。企业注册资金300万元，年销售额1000余万元，每年笔工工资、待遇合计为70余万元。

在项目传承、传播活动中戴月轩投入了资金500万元，用于笔坊扩建，改善生产环境420万元，笔工提高待遇25万元，老笔工慰问金5万元，宣传推广活动费用50万元。

企业对戴月轩湖笔制作技艺项目承担保护责任，履行保护义务，加强保护措施的实施力度，落实预算投入，每年列支60万元左右，作为项目的资金保障，用于项目保护计划的实施，加强笔坊的日常管理、人员管理，使该项目在良性的环境中，得到保护和发展，从而能够确保项目的有序传承。

二、已采取的保护措施及成效

（一）采取有效保护措施

为有效保护和传承戴月轩湖笔制作技艺，戴月轩采取了一系列保护措施。

1.整理遗存，传承技艺

由专人对退休老笔工进行采访，做好完整的技艺口述记录。梳理了戴月轩湖笔制作技艺百年传承脉络及传承谱系、字号沿革。整理了戴月轩湖笔制作技艺细则，收集了大量代表性的历史资料，明确了项目保护的重要意义。

2.招工纳新，建设队伍

招募新学徒，加强人才梯队建设。企业经过全面、严格的选拔，精心挑选品行端正、能够吃苦耐劳、有制笔天赋的学徒，专门接受非遗传承人亲自传授技艺。同时，选用了一批具有高中以上学历，年轻、稳重、爱好并热心于传统制笔技艺的年轻技工，使得每道手工工序都后继有人。现已经招募了6人，其中残疾人3人，均能熟练掌握制笔工艺的各项基本流程。

3.建设笔坊，传承技艺

2007年，笔坊项目的建设，使湖笔技艺传承有一个对外开放的场所，既为笔工创造了良好的工作环境，又能够接待国内外宾客参观，弘扬民族传统文化，收到很好的经济效益和社会效益。

4.制定制度，薪火相传

制定传承人管理制度，积极选拔、培养了第五代传承弟子。现戴月轩笔坊以第五代传承人为制作主力军，采用以师带徒的传承模式，教授第六代徒弟，延续戴月轩湖笔制作技艺的传承。

5.优化机制，激发热情

制定合理的工资及奖励机制。让笔工切实感受到自身的价值，提高工资待遇，激发笔工的工作热情。如企业设有传承人津贴、效益奖津贴等。

6.建立基地，扩大影响

已建设成中国民族传统文化展览展示基地、中国文房四宝技艺研学基地，开展学生技艺研学体验活动；与高校合作建立中国人民大学老字号实习基地、北京大学外国留学生文化交流基地，作为北京市中小学社会大课堂场所等。

7.利用平台，做好宣传

积极做好宣传工作，利用各类媒体平台，如中央电视台、北京电视台、湖南电视台、天津电视台、河南电视台乃至韩国电视台，《光明日报》《经济日报》《北京日报》《晨报》《北京晚报》《西城报》等媒体对笔坊都做过多次报道，使戴月轩湖笔制作技艺得到了广泛的宣传，提高了知名度。

（二）制订长远的项目保护计划

戴月轩湖笔制作技艺的保护是长期工作，保护工作分八步走：

提高知识产权保护意识，建立知识产权保护体系。加强档案建设、管理工作；保存好历史遗存的资料；编辑戴月轩毛笔制作技艺图；请专业人士协助把媒体宣传、相关数据进行数字化、多媒体化等手段保护，实现全面、翔实的记录、系统的保护，为传承有序奠定基础。

创建戴月轩历史文化展示馆，展示不同时期的文房四宝文化，为国人提供高品位的文化享受。

加强制笔人员的队伍建设，与学校建立沟通渠道，培育人才市场，提升笔工的社会价值观，实现其个人价值。

做好媒体方面的宣传，加强网络媒体的宣传，建设网络营销渠道，宣传戴月轩湖笔制作技艺，推广戴月轩传承人代表作品，实现经济效益和社会效益。同时，与书画界、媒体等合作做好系列宣传、推广活动，进一步提高戴月轩湖笔制作技艺的影响力。

笔坊环境改造升级，扩建40平方米小院，将其作为中小学社会大课堂体验非遗技艺的场所，用于展演和体验非遗技艺的场所，可以与传承人现场互动，推广非遗技艺和传统文化知识，作为非遗技艺传习基地。

与文化部门开展合作，参与非遗扶贫工作，造福一方。利用各地区资源优势，从制笔原材料到制作技艺，做到有机结合。

保护传承人利益，提高其收入，建立大师工作室，适时做好各级代表性传承人申报工作。保护原材料。到原料产地选择优质优量的货源渠道，确定长期合作伙伴关系，确保生产原料的优质优量供给。

保护戴月轩湖笔制作技艺。整理老师傅的口述记录，编辑工艺图，实现工艺过程的数字化记录。与媒体合作，开展项目宣传推广活动。

以上保护措施的开展以及保护计划的制订，集中展示了戴月轩非物质文化遗产的独特魅力，加强了非遗知识传播，营造浓厚的保护非物质文化遗产的社会氛围，达到广泛深入开展保护、传承、利用优秀传统文化的目的。

三、制笔技艺在传承中守正创新

戴月轩毛笔制作技艺能够发展得日新月异，成为琉璃厂一道亮丽的风景线，离不开几代传人对戴月轩传统制笔技艺的传承和创新，以及对企业文化、企业精神的完美诠释。

戴月轩第五代传人王后显接过戴月轩制笔技艺传承的接力棒已有十余年的时间。在此期间，戴月轩湖笔制作技艺每一点的繁衍发展，无不渗透着他的心血和汗水。将南、北派制笔技法加以融合是戴月轩对民族湖笔业的一大贡献，更是戴月轩湖笔店一直以来保持的制笔特色。为制笔从业者所共识的是，以江南等地盛产的山羊毛为主要制笔原料的南派笔和以东北、华北特产优质黄鼠狼尾毛为制作优势的北派笔，因各自毛料特性、制作方法等诸多因素的不同，使得制笔工人能够单独做好某一派别的毛笔，却很难同时驾驭好两种风格的毛笔制作。为将南、北派制笔技法全面掌握，更为戴月轩湖笔制作技艺传续的需要，王后显坚持不懈地锻炼着自己的制笔功夫，从细节入手。他阅读了大量相关书籍，了解、掌握了各种制笔原料的产地、特性、收获季节等方面的知识，为提升毛笔制作水平打下了坚实的基础。有了理论的武装，他更是在日常的制笔实践中不断体悟、持续总结。譬如毛料脱脂这道工序，经过反复的实践与思考，他发现，如果毛料自身存留的油脂多一些，制成的毛笔书写起来下墨快，却容易分叉；若存留的油脂过少，做成的毛笔又不耐磨，寿命短。如何掌控好脱脂的程度成为王后显攻克的难题之一。在无数次潜心研究与不懈锤炼中，他打磨出了自己的一套心得，根据不同性质的原料，配以不同温度、不同浓度的去脂液，科学调整毛料的浸泡时间，使"毛"蜕变成"毫"。

经过漫长岁月的积淀与淬炼，王后显能够运用纯熟的技法制作出各种毫质的毛笔，戴月轩"月照古今"套笔便是王师傅作品中的典型代表。它的笔头既有单一毫质的，也有混合毛料的，一套笔就涵盖了狼毫、羊毫、紫毫、灰鼠、猪鬃等多种毛料。在毛笔市场上，精品小楷笔因其制作难度大、利润极低而被大多数毛笔制造商所放弃，而王后显秉承戴月轩"厚爱其民"的宗旨，制作出市场上奇缺的精品小楷笔，深受书画家的喜爱。

同为戴月轩第五代传人的滕占敏，从业20余年，在辛苦的制笔工作岗位上潜心尽力，在通晓戴月轩全套制笔工艺的基础上，全心钻研毛

◎ 王后显制作的黑漆云蝠纹紫毫斗笔 ◎

笔刻字。笔管刻字是毛笔制作流程的最后一步，也是使毛笔锦上添花的重要环节，它从另一个方面体现了毛笔的文化内涵。经过多年的积累，滕占敏突破了传统笔管刻字模仿师傅刻法的单一刻字模式，通过自己对中国传统文化的学习与探索，将书法、篆刻的元素融入其中，力求赋予毛笔以意蕴与神韵，为毛笔注入鲜活的生命力。在为毛笔刻写笔名的时候，滕占敏注意到如果能与笔自身的特点相结合，将会让一支笔的生命灵动起来。譬如"戴月轩""九鼎""十辉"等毛笔，因其笔管材质为古朴厚重的黑檀木，加之笔名都有其深厚的文化底蕴，他便选取了历史更为悠远的篆书字体以示庄重大气；又如"唐楷"笔是专为书写楷书而设计的，两个楷体字最能传达笔的内涵。

滕占敏既是戴月轩湖笔制作技艺第五代传承人，也是竹刻专家，他可以在一支毛笔的笔管上刻一篇完整的《岳阳楼记》，行、草、隶、篆等字体都运用自如。北大方正字库曾与他合作，将他的竹刻字体做成电脑字库。

戴月轩曾为故宫复制清代毛笔精品。由于笔管雕工奇特精美，所以对雕刻技师的要求非常高。滕占敏克服困难，潜心钻研，发挥自己在书法、绘画方面的特长，复制出一支支精美的宫廷毛笔。他不仅研究刻

◎ 北大方正滕占敏竹刻行楷字体 ◎

字,也将书风、画风融入笔管的刻字(画)中,更加凸现出毛笔的文化特性,在拓宽毛笔的适用领域,从使用、观赏到收藏多重功能,提高毛笔生命力方面,做出了积极的贡献。

王后显、滕占敏是戴月轩湖笔制作技艺的第五代传承人,多年的制笔工作练就了二人高超的技艺和严谨的工作作风,不合格的产品绝不出笔坊,更不能在店里销售。王后显和滕占敏在做好戴月轩湖笔传承人的同时,还竭心尽力于徒弟的培养工作,注重因材施教,传授戴月轩湖笔制作技艺的各道工艺,并鼓励他们学习中国传统文化,研习书法、绘画技法,从而体会毛笔的使用特性,使制作与使用对接,在实践中锤炼心智。

戴月轩老辈笔工教徒弟,讲究的是言传身教,手把手地授教。现如今,这一传统依旧没有改变。其中的两个小学徒是两个怀揣梦想的残疾人。他们身残志坚,在王后显、滕占敏两位师傅的言传身教下,刻苦学习制笔技艺,进步很快。

四、湖笔技艺薪火相传

中华文化延续着我们国家和民族的精神血脉,既需要薪火相传、代代守护,也需要与时俱进、推陈出新。

戴月轩笔坊沿袭着师带徒的传承模式,恪守"颖毫纯净精中拣,聿师竭巧德为先"的先师古训,一直秉承着纯手工、高品质的初心,选材、做工绝无半点含糊。一支羊毫笔,动辄几百块钱的价钱可能让普通人很难接受。但是要知道,戴月轩的毛笔全部采用真实的毛料、纯手工制作,一支笔要经历"三干三湿"等上百道工序、耗时10多天才能出品。

戴月轩湖笔制作技艺从创始到完善,经历了五代人的不断努力,才有了今天的发展。湖笔技艺的传承讲究以师带徒,维持手工制作的传统。整个笔坊有7名学徒工,其中王后显带了4名徒弟,他会根据每个人的特点进行分段定向培养。

◎ 第六代笔工向王后显师傅请教制笔技艺 ◎

30岁的玉宝,断断续续累积起来有8年多的制笔经验了。之所以说断断续续,是因为他在学艺之初曾经历过一次"逃跑"。18岁那年,他第一次来笔坊,干了3个月就跑了。"那会儿年纪小,贪玩啊。"提起这事儿,玉宝还是有几分羞赧。直到21岁,他才回归戴月轩,一直坚持至今。戴月轩已经传到了第六代。玉宝是坚持时间最久的,其余与他一起拜入师门的年轻人全部没有坚持下来。他也见证过一批又一批找上门

◎ 玉宝在制作毛笔 ◎

来要学艺但没有坚持下来的年轻人。被问及看着别人离开时他有什么感受。玉宝摇摇头，叹了口气说："各人有自己选择走的路吧。""其实，干活的时候就想着把活干好，也就不枯燥了。"他又补充道。

38岁的郭双双则经历了截然不同的学艺之路。在手工艺行业，一直有着"人过三十不学艺"之说。而她则是35岁才拜入师门，进入笔坊的。"我刚来戴月轩的时候，是销售。但是当我第一次看到笔坊，就下定决心来学做笔。"应该是郭双双的诚心打动了领导和师傅，在做了一年销售之后，她的愿望终于得以实现。年龄大、没有童子功，郭双双来戴月轩求学时的资质并不符合制笔界对徒弟的要求，但她坚持用一年时间去提出请求，终于打动王后显，被收入王后显的门下。"她的身上有一股韧劲儿，非常能吃苦，还有对制笔的浓厚兴趣，这些足以弥补她的不足。"

郭双双从小就喜欢手工，不太爱说话。她最怕冬天，因为水盆的操作不能用热水，否则会影响毛质。最冷的天气里，也只能就着常温水进行操作，手冻僵了也干不了这样的精细活，只能靠搓手等手部活动来保

◎ 郭双双在制作毛笔 ◎

持手指的灵活度。

郭双双感慨地说,领导给了她学做笔的机会,她很珍惜。她只想踏踏实实地干活、踏踏实实地做笔。

看到郭双双对制笔的痴迷,王后显仿佛看到了又一个自己,所以他倾情传授技艺,及时指点迷津:"你做事不要着急,不明白随时问,别怕做坏了,有师傅给你担着。"三年过去,如今的郭双双已成为师傅最得意的弟子了。

内向寡言的郭双双不会说漂亮话,只将对师傅的感激倾注于手艺中。"师傅对我们毫无保留,让我少走了很多弯路,希望出徒后我能留在这里,跟着他好好干。"

唯有匠心，不负光阴。希望更多人能静下心来，了解湖笔背后的历史文化，为此而与它相守一生。

29岁的暴昕负责择笔——这在整套工序里相当于"质检"，即把笔毫的每一个部位从头到尾仔细检查，把不符合制作标准以及影响书写效果的杂毛择掉。在此过程中要做到注意力高度集中，心平气和。

相较于玉宝和郭双双，暴昕的性格要开朗些。"困难啊，没啥。毛病倒是不少。"她打趣道，"这儿，腱鞘炎；这儿，颈椎病！"暴昕每天要坐在桌前对着台灯修整百余支笔，每支笔都要自己用手指去感受触感。手工艺品的品质无法用数据来评价，是凭着匠人们朝乾夕惕的感知与坚持传承至今。

◎ 暴昕在制作毛笔 ◎

37岁的陈骉，在戴月轩工作有8年的时间了，主攻刻字技艺。在笔管上刻字可不是简单的活儿，不光要刻好，还要刻出书法的神韵。作为一名聋哑人，其工作的难度可想而知。功夫不负有心人，就凭着一股不服输的韧劲儿和良好的悟性，通过每天的反复练习，他从最初的每天刻字十多支到现在的百余支。此中的艰辛，从他指尖的老茧就可以看得出。

◎ 陈骕在刻字 ◎

　　29岁的姚飒,是一位胖胖的小姑娘,学习制笔时间不长,主要在学习干作中的择笔工序。对于为什么要来学习做毛笔这一问题,她的回答很简单,就是喜欢。不管前方的路有多辛苦,多漫长,只要走的方向正确,都会更接近成功。

　　几个徒弟每天不光制作毛笔,在制笔之外也下了很大功夫。临摹字帖、练习绘画、学习篆刻、研读制笔古籍及相关书画理论书籍,都是他们每天的必修课。他们相互交流切磋,取长补短。正是这种孜孜不倦的学习精神,让年轻的笔坊团队,一步一步通过行动坚守着心中那份理想和使命。

　　37岁的戴月轩办公室主任白文冲在戴月轩工作近9年了,虽然一直

◎ 姚飒在择笔 ◎

没迈入笔坊参与制笔,但也迎来送往了不少前来学艺的年轻人。对于制笔人才的流失,他既痛心又有几分理解。随着国家对于非遗文化的扶持

◎ 有朝气的戴月轩笔坊团队 ◎

力度一步步加大，经过认证的非遗传承人可享受国家补助，但是刚从业的年轻人享受不了此项待遇，加上收入微薄，很难负担平日生活开支，这也是人才流失的因素。

在师傅王后显看来，几个徒弟都挺踏实，但年轻，经历得太少，对知识的渴望还是不够强烈。现在的社会风气比较浮躁，年轻人很难静下心来学习一门手艺。戴月轩多年来学徒来来往往，花费了很多的时间和物力，难堪其重。师傅王后显对几位徒弟倾囊相授且寄予厚望，希望徒弟们能坚持下去，做好这一件事，不要让制笔技艺"断了根"。

用一辈子时间去表达对一门手艺的尊重，这种坚持比得上任何一种信仰的虔诚。制笔师傅一丝一毫的动作，能够让人感悟到他们对于毛笔的专注和讲究。

未来技艺的传承与创新，依靠的是有思想的年轻一代笔工。戴月轩也在极力培养着第六代笔工，让他们早日肩负起传承这门技艺的重任。

第五章 社会责任的延续

第一节 文人墨客的青睐

第二节 前店后厂模式

第三节 传承与创新

第四节 未来发展思路

第五节 非遗传承的星星之火

第一节
文人墨客的青睐

一、文人雅士与戴月轩毛笔的翰墨之缘

戴月轩所制毛笔做工精良、毛料上乘,而且适用性强。自戴月轩创建以来,戴斌就以笔为媒介,广结书画名流,在行业内形成了良好口碑。据说,在20世纪三四十年代,戴斌与齐白石、张伯驹等文化名人交往密切,在为这些名家提供得心应手的毛笔的时候,及时听取他们的意见和建议,这样就使戴月轩的毛笔不断完善,名声鹊起。鲁迅寓居北京时常使用戴月轩毛笔。徐世昌、郭沫若、陈半丁、赵朴初为戴月轩题写过匾额。梁启超、富察庄净题写了楹联。

戴月轩毛笔越来越好,名声逐渐大了起来,到北平解放前夕,戴月轩笔店在当时北京琉璃厂制笔界占有相当高的地位。书画名人多以戴月轩毛笔作画作书。当时著名书画家马晋先生曾赐书"功助艺林",以赞扬戴月轩在中国毛笔工艺上的成就。史学家、教育家陈垣试用戴月轩新毛笔后,有感

◎ 富察庄净为戴月轩新店落成题写的楹联 ◎

而发,写下"瘦硬通神"四字来赞美戴月轩毛笔。

作为京城毛笔业的代表,戴月轩以它的信誉赢得了世人的尊敬,不少书画名家、作家、学者曾到这里参观访问,并且纷纷留下墨宝,表达他们对戴月轩湖笔由衷的喜爱和赞誉。

在戴月轩80周年店庆时,陈大章、刘艺、米南阳、戴琳等书画家齐聚戴月轩,写下"烟云笔下生""神融笔畅"等书画作品,来赞美戴月轩制笔水平之高。

世纪之交,老将军王定烈赞美戴月轩毛笔,写下"笔精墨妙"四字;书法家张旭有感戴月轩的传承历史,为戴月轩书写"世纪之交""挥毫如云烟"。

书法家康默如先生的父辈康殷、康雍都喜爱戴月轩毛笔,至今还珍藏着戴月轩的老毛笔,并赠予了我们。康默如高度评价戴月轩所制毛笔,做工精良,使用完美,是他完成艺术创作的不可缺失的工具,助力于他艺术水平的提升。他为戴月轩题写了"戴月轩笔墨九十年"以示感谢之情。

2002年2月,一位叫王慕曾老先生到戴月轩,拿出了"右军书法白

◎ 书画名家为戴月轩题写的牌匾 ◎

云齐"等3支戴月轩的老毛笔。他非常喜欢这3支笔的款式,笔用了多年已经不好用了,问问能不能为他复制一下。戴月轩欣然答应了王老先生的请求,然后为王老先生复制了这3支毛笔各2支。王老先生在取笔时看到新制作的毛笔后非常高兴也非常感动,当即题诗一首:

> 六十年前戴月轩,京华笔业属魁元。
> 品精四德人称誉,今上层楼无待言。
> 旧笔三支留纪念,六支复制赠还余。
> 隆情厚意愧无报,两节歪诗纸上书。

2004年夏日的一天,一位叫陈福明的老主顾来到戴月轩,跟营业员挑选了几支毛笔,交了笔款后说想找一下戴月轩经理。营业员就把于经理找来。于经理问老先生有什么事情。老先生说:"我有一支戴月轩的老毛笔,非常喜欢。我年纪大了,放在我手里不踏实,想送给戴月轩。戴月轩一定会好好地保存,对戴月轩来说还是有用的。"于经理听了老先生的话非常感动。戴月轩收下了这支1933年生产的"战马雄肆鲜人意"毛笔,同时一定要给老先生一点儿回报。但是,老先生不要钱,也不要毛笔。戴月轩人向这位老人投去无比尊敬的目光。建店百余年,戴月轩依然拥有热爱它的老主顾,愿意为戴月轩送上自己的珍藏,这真令戴月轩人骄傲。戴月轩人一定要有一颗感恩的心,不负众望,把戴月轩湖笔制作技艺传承下去。

二、戴月轩毛笔,中日文化交流的使者

日本书道团曾多次访问中国,进行书画交流。日本书法家中山素岳、柳田泰云多次到戴月轩定制毛笔。日本书家喜用羊毫笔创作作品及用紫毫笔书写片假名。戴月轩为日本友人专门定做了多款软毫毛笔,如"云姿鹤态""雅芯""腾蛟起凤""细嫩光锋"等。戴月轩毛笔作为媒介,为中日文化架起友谊的桥梁。

2019年,书道家柳田泰山寻访父亲柳田泰云的足迹,来到中国拜访

◎ 2019年11月，日本书法杂志《墨》登载了戴月轩的报道 ◎

戴月轩，讲述家族与中国文化及戴月轩毛笔的渊源。同年，日本权威书法杂志《墨》的编辑来戴月轩进行专访，在杂志上大篇幅详细介绍了戴月轩。

第二节
前店后厂模式

走到戴月轩门前,首先映入眼帘的是著名书法家陈半丁题写的"戴月轩"牌匾。牌匾左右各有一对抱柱,抱柱上篆刻着一副楹联——"摇曳生姿缘斗管,使转得情在颖毫"。这是富察庄净在1982年琉璃厂翻建后重张时赠送的重礼。

人们来到戴月轩店里,不仅能享受到浓浓的文化气息,也仿佛置身于一个文房四宝的展馆。店内,有大如椽的马尾巨毫,有身价几万元的狼毫,有伟人用过的笔样,更多的是普通消费型的各式羊毫、狼毫、兼毫,品种齐全,琳琅满目,应有尽有。

◎ 戴月轩店内琳琅满目的毛笔 ◎

店内摆放的文房四宝相映成趣,还有笔洗、画碟、色盘、印泥、色淀等其他文房用具。戴月轩的徽墨,无论松烟还是油烟,捣三万杵必不可少;其丰肌腻理,光泽如漆,受到书画同人的喜爱。戴月轩的宣纸，无论生宣还是熟宣，皆传统工艺制作；润白如玉，柔韧如箔，发墨均匀，烘染明显，可称精品。戴月轩的端砚，质良工精，泼墨发凝，必为上品；一方佳砚，半是文化，半是藏品；用以书画则得天独厚，用以论收藏则不可再造。笔、墨、纸、砚，如四君子，陶冶灵性，修养情趣。佐之在侧，品自高雅，挥洒胸次，净无凡尘。现在的戴月轩正逐渐成为一个国际品牌。苍茫古拙的戴月轩，不仅会聚了国内大批醉心丹青之人，也深深吸引了许多外国朋友，戴月轩走出了国门，走向了世界。

近现代，中国的店铺大多为"前店后厂"的模式。改革开放后，由于企业转制或者规模扩大，"前店后厂"模式逐渐淡出人们的视野。但戴月轩一直保持着这个经营模式，重点开发建设了开放式的笔坊，把毛笔的制作当成一项文化内容来经营，让顾客看到了一个真实的戴月轩。

◎ 戴月轩笔坊 ◎

在古朴典雅的殿堂内，柜台后面连着笔坊，这也是戴月轩的制作车间。这里屏蔽了外界的喧嚣与嘈杂，只有工人师傅们静悄悄地坐在座位上，守在水盆前，认真地打理着手中的羊毛、黄鼠狼尾、鸡毛、兔毛。天天如此，岁岁如此。现在，笔坊每天都有10多个人在制作，前店的毛笔都是他们一支一支用心做出来的。有做了几十年的老师傅，也有来了不到半年的小徒弟。年过花甲的于师傅正在台灯下干活，他把梳理好的笔毛中的杂毛一根根地挑拣出去。之所以把整个流程都搬到店里，并且建成开放式的笔坊，就是想让前店后厂这一传统模式保持下去，让顾客看到整个工艺制作流程，知道好的毛笔是怎样做出来的，而且感受到"谁知手中笔，支支皆辛苦"。毛笔的整个制作过程中，全由手工完成，精挑细选，每一个细节都不能含糊，只有这样才能做出质量上乘的毛笔。

制笔工艺的每一个环节无不彰显着我国非遗文化的魅力。而与传承人的近距离接触，更是让人对传统文化的感知，对非遗传承人的匠人精神有了深刻的体会。传统老手艺人们，他们更主要的目的是要当好非遗技艺的弘扬者。他们希望能够用自己的力量，使那些曾经灿烂辉煌的手工艺再次熠熠生辉。在历史长河中继续闪耀发光，让非遗文化能够代代相传，筑建中华文化的精神家园。

戴月轩笔坊创作的各种当代作品都是"以古人之规矩，开自我之生面"。戴月轩湖笔制作技艺符合中国传统工艺的发展轨迹，秉承前人创作匠心，以此激励后人不断探索，将中华非遗文化发扬光大。

戴月轩笔坊还有一个重要的功能，就是将非遗的传承展示和旅游产业完美地结合了起来。

有了笔坊的展示和宣传，有了师徒相承的客观条件，戴月轩的毛笔将会把这个老字号的历史永远地书写下去。

第三节
传承与创新

传承与创新是企业长期发展的源泉,如何能让百年老字号适应市场经济?除了要坚守技艺的传承,更需要求发展、求创新。

为了更好地传承与发展湖笔制作技艺,自2007年以来戴月轩投入资金500多万元,对笔坊进行重新装修改造,安装了暖气和空调,改善了工作环境,提供了必备的硬件保障。同时利用笔坊的墙面展示了湖笔的历史文化,起到了宣传戴月轩湖笔制作技艺的作用。笔坊自改建以来,接待了国家领导、北京市领导、广大的书画爱好者和消费者的参观、体验。在改善硬件环境的同时,为留住人才,戴月轩提高了制笔工的待遇和收入以及所需的软件保障。此外,戴月轩对于戴月轩湖笔制作技艺的保护也采取了有效措施。具体如下:

对老笔工进行采访,做好完整的技艺口述记录。将老艺人的技艺流程拍摄制图,有针对性地挽救濒临失传的技艺绝活。提高知识产权保护意识,建立知识产权保护体系。

积极参加非遗培训学习,参加中国文房四宝协会、老字号协会、区文化旅游委员会举办的各类展会,通过这些平台对其进行宣传推广,扩大影响力。

制定传承人管理制度,积极选拔、培养了第五代传承弟子,并努力为他们申报相关的职称、称号。

借助广播、电视、纸媒等多种宣传渠道,宣传推广企业品牌,加强网络媒体的宣传,完善现有的企业官方网站、微信号、抖音号等,传播戴月轩湖笔制作技艺,推广戴月轩产品,实现经济效益和社会效益,进一步提升自身的品牌价值。

戴月轩在传承与创新过程中,传承的是戴斌先生毕生致力于湖笔制作及研究的精神,传承的是几代精湛的制作技艺,传承的是承载着传统文化内涵的经营理念及服务宗旨。社会不断发展，势必会带来生活各方面的变化，人们对文化生活的需求会随之变化，适应并满足人们的实际需求，是戴月轩今后创新的基础和依据。

戴月轩老字号在注重继承和保持传统的基础上，积极探索和创新先进的经营理念，顺应信息时代的需求，因时因势而变，走自主创新之路，传承发展独特品牌，这是戴月轩实现新飞跃的重要条件。

科学总结历史，勇敢面向未来。认真总结戴月轩笔庄创业以来的成功经验，深入挖掘自身的内在价值，全面分析今天社会环境发展和文化市场变化的内在规律，确认戴月轩品牌中的合理成分，把握自己安身立命的根本。

积极探索文化需求的发展趋势，以制笔技艺为基础，以书写文化为核心，选择历史与未来的对接点，不断丰富核心品牌，拓展经营领域，优化特色服务。自觉秉承"四德"精神，继续坚守"前店后厂"的经营模式；恪守戴月轩"颖毫纯净精中拣，聿师竭巧德为先"的古训；创新服务理念，根据消费者的需求改变经营策略，运用现代商业理念与运营手段；自觉调整商品结构，完善文房、文玩系列，丰富产品的文化内涵。

发展企业精神，扩大文化传播。找准确保自己延续百年而不衰的精神元素，总结、提炼、推出独特的戴月轩文化，使之逐步制度化、系列化，成为所有员工的共识和自觉行动，成为企业持续发展的内在动力。针对不同类型、不同年龄段的消费者，制定相应的宣传策略，通过编印宣传册页、推出系列产品介绍、开设戴月轩网站、举办戴月轩湖笔文化节等活动，推介自己的企业宗旨和经营理念，提高戴月轩品牌的社会知晓度和文化认同。融入多元化要素，寻找戴月轩与其他文化产业的有效接合点，打造独特品牌，拓宽产业链。依托政府相关政策，借助名人效应和媒体作用，吸引顾客购买戴月轩的产品，收获良好的购物和使用体验。

强化传承意识，积极创新思路。明确"为什么要传承"，要把这种传承作为自身理应承担的社会责任，作为优秀中华文化传统延续的重要部分，也作为企业能够持续发展的关键环节；明确"传承什么"，紧紧围绕延续了五千年的中华民族书写文化这个核心，以市场需求为导向，积极探索戴月轩品牌的深化与丰富之路；明确"如何传承"，确定传承的主体、传承的内容、传承的方式，自觉顺应时代发展，推动戴月轩品牌创新，精心打造企业内功，积极营造外部环境。

深化品牌内涵，拓展市场空间。主动与政府部门、社会组织、其他企业联手，积极开展汉字书写比赛、毛笔制作技艺展示等活动，围绕打造中华书写文化品牌，不断推出与主题笔、定制笔、礼品笔、珍品笔等核心产品相关的上、下游产品和衍生产品，如文房四宝盒、文房器玩等，扩大毛笔制作技艺作为非物质文化遗产的社会影响，吸引人们关心传统的书写方式，进一步深化和拓展戴月轩品牌。

加大文化创意产品的研制力度，将创意"北京礼物"融入日常设计，充分体现北京特色、景区特色及老字号自身特色，打造商务名片。依托悠久历史文化传统，以诚信为经营基础，积极探索规划与京都公司进行战略层面合作，在开办网上戴月轩旗舰店的基础上，进一步发展电子商务，以网络营销新模式开拓新的天地。

继续巩固社会认知，有效促进购买行为。在继续扩大外界对戴月轩品牌理解和认知的同时，进一步深入研究当今消费者购买心理、购买行为、购买趋势的变化，在以"需"定"产"的同时注重以"销"导"研"，在适应消费者需要的同时积极引导新的消费需求，不断推出新的产品。采取适应消费习惯的经营方式和销售手段，增强自我推销能力，积极申报国家级非物质文化遗产，探索走出北京、走出国门的有效路径，使资源转化为产品，使文化转化为经济，使价值评价转化为购买行为，使口碑转化为利润。

坚持实施"三步走"战略，努力求得政府的支持和社会的关注，不断提升企业的核心竞争力，以特色湖笔制作为龙头，持续推动"戴月轩"品牌，扩大企业的社会影响和市场份额，力求取得新的发展。

第四节

未来发展思路

关于老字号企业在经营管理及制笔技艺方面的创新发展,作为戴月轩新的掌舵人的陈培新有自己独到的见解。作为一名戴月轩的老员工,他在这方面非常有发言权。

陈培新董事长对于企业的创新发展之路,感慨颇深,他说,随着社会的发展,毛笔已经退出了日常书写工具的行列,现代的书画只是人们修身养性的生活方式。随着审美和用笔要求的提高,如何做好湖笔,开发市场是经营者和制笔工匠的首要任务。

传承与发展是湖笔行业绕不开的话题。戴月轩企业在技艺传承与创新发展方面做了一些切实可行的工作。

一、技术创新应回归传统,守正方能出新

湖笔天工,自古至今,已传承千年以上。制作湖笔,首先毛料的选择很重要。制作过程中,小小笔头按照传统,有上百道工序,少一道都不行。在制作工艺和制笔技术上,老东西的价值就在一个"老"字,因此,技术上应遵循古法,守正出新。

(一)遵循传统制笔技法

戴月轩湖笔制作技艺发展百年,时过境迁,而工艺依旧。

现代很多毛笔在羊毫中加入了猪鬃、马毛、尼龙,笔头弹性好。这种借助外力增加笔头弹性的做法,主要是迎合了一些速成书法家的需要。初学者其实不能凭借毫力,应学会用指、腕、肘的力量。湖笔不能被动地追随这些做法。书法绘画艺术中蕴含着中华文化的哲理智慧,告诉我们为书作画想做好没有捷径,必须脚踏实地,一步一个脚印。做人做事亦如此。

（二）尊重传统手工艺，尊敬手艺人

时至今日，在历史悠久的戴月轩笔坊，制笔师傅们依然传承着祖辈的匠人精神，坚守着传统技艺，不与世争锋，专注一辈子做好一件事。每一个制笔的工人都是受人尊敬的技师。他们用手艺让毛笔获得了生命，充分体现了自身的价值。

（三）薪火相传，传承传统制笔工艺

戴月轩传承百年湖笔制作技艺，薪火相传，经历了五代人的努力，延续着传承。技艺传承采用传承的师带徒的形式，言传身授制笔技艺。

湖笔的传承与其说是技艺的传承不如说是人的传承。保护好非遗工艺传承人是对技艺的最好传承，让他们没有生活上的后顾之忧，潜心研究制作湖笔，提高笔工的个人修养，创新制笔是根本。

未来的制笔人才梯队断档，工匠流失，传承乏人将是影响制笔业发展的主要原因。为了更好地传承技艺，戴月轩企业为传承人建立制笔工作室，全面做好传承人口述技艺记录，制作传承人图典，系统地建立档案和数据库，用现代化的手段做好切实保护。

在管理上，戴月轩改变管理模式，提高笔工的待遇，传承人有企业津贴，带徒弟有一定的补助，实现良性的激励制度，这有利于企业在湖笔制作技艺上的传承。

二、创新发展

创新是湖笔产业振兴的必然选择。对现代湖笔产业的创新，不应局限于工艺和材料上，应着重于首创精神，拓展湖笔文化的延伸和艺术表现，创新与经济文化相关的市场、品牌、企业文化等因素。

创新是必要的，但对于老字号而言，创新的应该是经营模式，发展的应该是产品品类，而传统手工工艺，则要完整地进行保留。

老字号戴月轩的湖笔在保持传统工艺中，进行产品创新，大力开发新产品与纪念笔和特色文创产品，紧跟时代，把创新放在首位，把产品走出去作为目标。尤其是开发的新产品"老青竹篆刻诗词"系列毛笔，更好地将中国传统诗词文化、拓片技艺、竹刻技艺与湖笔制作技艺有机

地融合，设计理念新颖，达到了更高的艺术境界。这一切都源于戴月轩创新发展的理念。

（一）提高笔工素质

以往业内人都认为的一支完整的高质量的毛笔一个人完成不了的观点在戴月轩改变了。现在戴月轩的师傅一个人能掌握全套制笔工艺，这样的好处是能加深对制笔环节的理解，使制笔思想更加统一，增强制笔环节上的沟通，是必要的，也是笔工技艺水平的一大进步。

戴月轩毛笔在传承湖笔精湛制作工艺的同时，更注重在选料、配料、造型上的研究和创新，逆转了以往湖笔品种单调的处境，这极大地调动了毛笔制作技师们的制作热情。

（二）创新经营理念，发展多种经营模式

戴月轩着力于实体店和电子商务相结合的发展方式，不断发掘线上支付、微信支付等第三方支付手段，迅速抢占电子商务文化用品市场销售份额。除了占领网络市场，戴月轩湖笔以更积极的姿态走出去，通过参加各类艺术博览会、展销会、大赛等，提高知名度，开拓外地市场，扩大湖笔销售范围。

（三）开发笔坊的新功能

保留传统，坚守"前店后厂"的经营模式，在北京市政府的大力支持下，开发建设开放式的笔坊，把毛笔制作当作一项文化产业来经营，让顾客看到一个真实的戴月轩。戴月轩第五代传人作为笔坊的主力，领军制笔技艺的发展。笔坊作为非遗的展示平台，对外展示中华传统手工艺的窗口，每天迎接成千上万的中外游客，使他们可以一睹毛笔诞生的神奇过程，为中华传统文化的传承做出贡献。戴月轩的笔坊不仅是手工制笔的传承地，更是中华笔文化的传播场所。

（四）创新产品种类，仿制古笔，融入更多创意元素

对戴月轩这样一个传统产业的老品牌而言，面对越来越激烈的市场竞争，如何创新突围显得尤为重要。在传承传统制笔技艺的同时，这些年来戴月轩一直从提升品牌文化、研发推广新笔种等方面寻求创新。

戴月轩推出多款古法工艺制作的毛笔，并根据现代人用笔特点，对

笔形，配料加以调整，一经推出，便得到书画界的认可与好评，销售量节节攀升，同时也引发了社会各界要求回归传统制笔的呼声。

（五）创新高端文化消费之路

走"私人定制"的专项优质服务路线，以技艺精湛，服务优质，质量上乘为原则，根据客户的需求进行制作，直到让客户满意为止。同时，配以精美包装。这样制作的新颖的湖笔瞬间就刷新了客商对湖笔的原有印象。

在大力发展文化产业的新形势下，湖笔的档次在不断提高。戴月轩湖笔企业研制开发出了婚庆生日纪念笔、夫妻结发纪念笔、婴儿胎毛笔、高级礼品笔、工艺陈列笔等新笔种；在笔管设计、包装装潢上下功夫，以提高产品的附加值。坚持在传统的基础上不断增添现代元素，为书法家精心定制个性化书画用笔，走精品路线。企业还通过技术创新，对传统生产工艺进行改良，开发湖笔新品。

戴月轩还做了一些其他的有益尝试，如积极参加上级单位组织的交流活动，从中学习借鉴好的创意和思路。参加"北京礼物"大赛，制作融入北京皇城旅游文化的多元素作品"文房四宝"礼盒，熔民族传统手工艺、旅游城市特色、传统文化于一炉。参加京津冀非遗技艺大赛，与

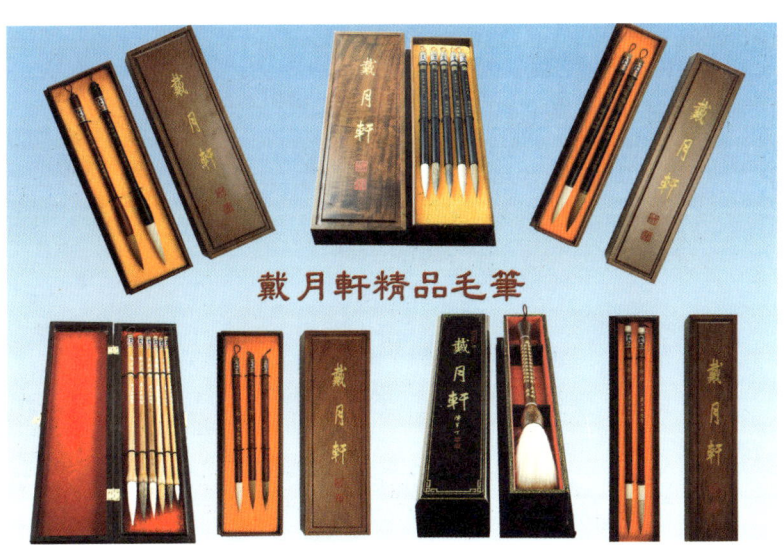

◎ 戴月轩主营的精品毛笔 ◎

众多非遗项目进行交流，集百家之长，把雕漆、金漆镶嵌等传统"燕京八绝"技艺融入湖笔制作中来，创新产品。

根据北京故宫博物院要求，仿制明清古笔，查阅历代古籍，力求真实完美地还原古笔原貌，在寻根溯源传统工艺上下大功夫。

戴月轩的强项是做湖笔，要实现创新，需要转换视角，跳出湖笔看湖笔。戴月轩专门邀请行业外的专家设计湖笔，通过和他们深入交流，将湖笔文化的传统理念融入设计，最终达到创新的效果。未来还可以与专业设计团队合作洽谈，在保留湖笔功能性的基础上开发湖笔创意产品。

（六）发挥社会责任，服务百姓，弘扬传统文化

戴月轩在发展经济效益的同时不忘履行企业的社会责任，积极参与公益事业，现为北京市中小学社会大课堂、多所大学的涉外实践基地，为喜爱传统文化的学生搭建平台。同时，与上级单位联手打造传统非遗进校园、进社区活动，寒暑假期的传统文化体验之旅，非遗DIY夏令营活动，为广大中小学生提供与笔工零距离接触的机会，亲自体验制笔环节。邀请多位知名书画家与戴月轩师傅一起走入社区，面对面与热爱书画艺术的居民交流，在传播传统文化的同时丰富社区居民的业余生活，为他们奉献文化盛宴。这些活动都受到了社会各界的好评。

◎ 暑期非遗DIY夏令营活动，学生们感受戴月轩毛笔 ◎

戴月轩湖笔制作技艺项目已经成为北京市文化的一张知名名片，更好地发挥了它的作用。

传承与发展是永恒的主题。陈培新在总结这个主题时，引用了儒家经典中的一句话"苟日新，又日新，日日新"。可以看出，作为戴月轩的掌舵人，他对企业发展中的问题，一针见血；作为技艺传承人，他对技艺传承与发展，有着深刻的见解。希望未来戴月轩的发展能够日新月异，不负初心。

第五节

非遗传承的星星之火

随着国家文化兴国战略以及相关非遗法规的出台,各文化行业越来越重视中华传统文化及非遗文化的传承与宣传,中小学生开始接触传统手工艺,逐步了解非遗。从2013年开始,西城区文化委员会及教育委员会携手戴月轩等多家非遗老字号,在暑期开展非遗DIY夏令营活动,活动连续开展,至2019年已持续7年。孩子们在家长的陪同下到各家老字号的工坊,与传承人面对面交流,了解非遗文化,并亲手感受非遗技艺,零距离接触非遗。

每年暑期,来戴月轩参观体验的孩子便络绎不绝。最初只是局限于西城区的中小学,后来拓展到北京市各个区,还有慕名者从其他省市赶来体验的。2018年,戴月轩接待过来参加体验活动的一对英国双胞胎兄

◎ 笔工在指导小学生制笔体验 ◎

弟。看得出孩子们从心里喜欢传统文化，喜欢传统手工艺。

孩子们可以了解到戴月轩百年发展历程及百年老店与文化名人的故事，学习非物质文化遗产戴月轩湖笔制作技艺的相关知识。参观笔坊，观摩非遗展示，亲身体验戴月轩湖笔制作技艺，见证毛笔生产的全过程。有专业人员讲解毛笔的分类、使用方法及保养知识，好毛笔的标准，如何选择适合自己书写习惯的毛笔。

笔坊还为孩子们普及笔、墨、纸、砚的相关传统文化知识，让广大学生切实感受传统文化的厚重与魅力。

这种有意义的体验活动丰富了广大学生的暑期生活，使他们开阔

◎ 王后显指导学生制作毛笔 ◎

了视野，增长了知识，与传统文化有了一次亲密接触，真正做到了寓教于乐。

全程参观体验活动由专业人员进行讲解示范。看到同学们及家长对传统文化如此感兴趣是出乎他们意料的。活动由原定的每次40分钟延长到120分钟，而学生们依然兴致勃勃。活动结束后，学生们对戴月轩提出了许多中肯的意见和建议，例如非常希望能开办书法、国画班，来普及传统书法绘画艺术，也希望能够把传统文化带进校园，让更多同学了解传统文化，弘扬传统文化。

戴月轩的非遗体验活动，受到了学生及家长的普遍认可和广泛好评。一位家长这样说道："戴月轩的这次体验活动真是让人不虚此行，在这里既能看到毛笔制作的非遗展示，还能亲自体验使用传统毛笔，从中了解很多传统文化，一举多得。我们家长也增长了知识，以后还希望能多参加这样的有益活动。"

戴月轩现在是北京市中小学社会大课堂、中华传统手工艺实践基地、多所大学的社会实践基地，每年暑期都会有多所大学的学生来做关于传统技艺的调研及文化实践活动。

◎ 王后显为小学生讲解毛笔制作技艺 ◎

中华文化能绵延至今，毛笔的存在功不可没，它代表着中国最强烈的文化元素。毫端蕴秀、笔墨含香，寄寓着传统文化的接续，寄寓着春风化雨、润物无声的文明力量。传统文化的延续离不开青少年的传承。青少年对传统文化的热爱是点亮文化自信的"星星之火"。文化凝聚力量，少年成就希望。坚定文化自信，成就自信中国！

第  章

作品赏析

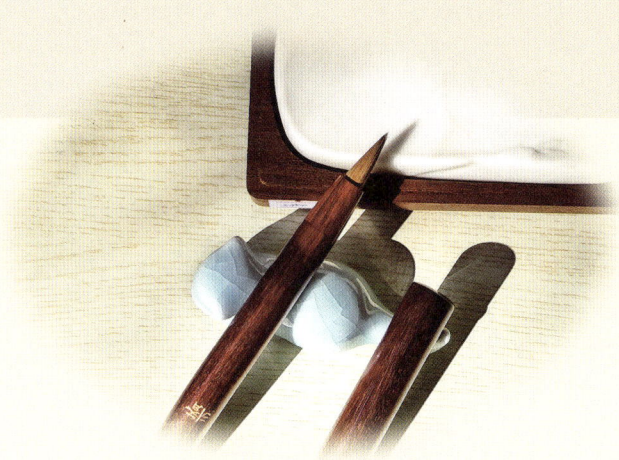

◎ 嫩光锋净羊毫象牙彩绘斗笔 ◎

  戴月轩店里现保存着一支1918年制作的老毛笔。此笔为戴月轩人机缘巧合于2006年在北京某拍卖会拍得。据藏家后人介绍，此笔为1918年，时年54岁的齐白石先生为好友韵夫先生定制的嫩锋净羊毫笔。毛笔采用传统的民国时期流行的斗笔制式。笔头采用细嫩光锋羊毫。笔管为象牙材质，光洁圆润。笔斗为象牙彩绘工艺制作，彩绘水平之高至今无可比拟。笔管顶部和笔斗与笔管相接部位为虬角材质制作而成。笔管上手工刻字，刻有字样"民国七年即戊午仲春韵夫制于燕京"。小款"嫩锋净羊毫 戴月轩精制"。刻字工整，古朴圆润，足以透过刀锋见笔锋。此笔距今有百年历史，锋颖犹在，依然可以使用。它见证了戴月轩制笔技艺的百年发展历程。

  这支嫩光锋羊毫笔，用料考究，工艺精湛，实为民国时期制笔工艺的集大成之作。它完美地展现了戴月轩在民国初期精湛的制笔技艺，是戴月轩制笔的扛鼎之作。其为不可复制品，现为戴月轩镇店之宝。

◎ 黑漆描金云蝠纹牙雕斗紫毫笔提笔 ◎

　　笔头黑紫色，笋尖式。笔斗纳毫为紫毫，束毫丰满，齐而圆健。直径20毫米，出锋60毫米。笔管为黑漆地上金漆描金云蝠纹主体纹饰，两端有描金回纹，线条流畅；笔斗及笔顶为象牙材质，笔斗牙雕螭龙纹饰。此笔为仿作清宫旧藏，原笔为清代宫廷造办处制作。提笔带斗可纳粗毫，是清代较为流行的款式，宜书写大字。此笔集黑漆描金、牙雕、戴月轩湖笔制作技艺三项技艺于一体，选材名贵，制作精美，是罕见的、工艺鉴赏性较为突出的当代制笔精品。

◎ 仿清宫旧藏缠枝莲纹紫毫兰蕊形笔 ◎

　　笔直管，戴帽。管长19厘米，帽长9.5厘米，直径0.8厘米。制作工细，圆周不见接痕。笔头为紫毫兰蕊式，根部装饰彩毫，是清代流行的毛笔款式。富有弹性，宜书写小楷。

　　此笔选材名贵，制作精工，选取优质紫毫，笔管为黄杨木材质，是极具观赏价值和使用价值的毛笔之一。原品为清代宫廷御用之物，缠枝莲纹甚为精细，寓意子孙绵长。此笔为戴月轩传承人根据古法制作而成。

◎ "气壮山河" 纯羊毫笔 ◎

　　戴月轩2012年特别制作的"气壮山河"纯羊毫笔,采用戴月轩湖笔制作技艺中独特的配锋技艺制作而成。所选羊毫为细嫩光锋顶级羊毫,锋颖达到出锋长度的一半。为羊毫笔中难得的佳作。笔管为斑竹材质,笔斗、笔顶为牛角制作,造型精妙。此笔笔头直径4厘米,出锋长度16厘米,笔全长49厘米。此笔荣获第29届中国文房四宝艺术博览会专家组金奖。

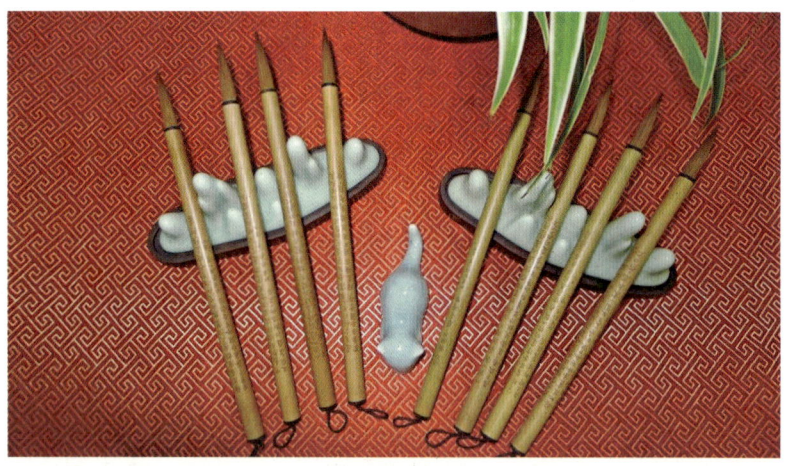

◎ 戴月轩传承人联袂作品"秋兴八聿"◎

　　此套装毛笔是根据传统古法,采用戴月轩湖笔制作技艺制作而成。一套8支装,选取优质冬狼元尾毫制作笔头,笔管采用多年上品青竹镶嵌黑檀木,由戴月轩湖笔制作技艺第五代传承人王后显精心制作。滕占敏手工篆刻唐代大诗人杜甫名篇《秋兴八首》。此套毛笔是传统文化、竹刻技艺与毛笔制作技艺的一次完美结合,实乃笔中难得一见的珍品。这一戴月轩湖笔制作技艺传承人联袂之作,是戴月轩百年制笔技艺的完美诠释,堪称实用收藏欣赏之佳品。此作品获得2020年首届文房用品创新设计大赛新锐奖。

◎ 储墨行囊笔"聿脩"◎

古代文人墨客外出会友，学子进京赶考的时候，都会带一只行囊，装着文房四宝、书籍等物。行囊中有一种笔被称作行囊笔或墨斗笔，是传统书写工具中的一个类目，泛指中国古代便携式的书写工具。行囊笔最早出现在战国初期。

戴月轩制作的这款笔，就是根据古人行囊笔的理念设计的简练实用、既符合传统审美又有现代设计感的储墨行囊笔。此笔取名"聿脩"，语出《诗经·大雅》，原意为继承发扬先人的德业，寓意戴月轩人会将制笔技艺发扬光大。此笔由戴月轩湖笔制作技艺第四代传承人设计制作，戴月轩笔坊团队共同完成。

笔长不盈尺，携带方便。古朴雅致，取法古人怀袖雅物之意。小叶紫檀笔管，笔管长14厘米，分粗细两种，粗管直径15毫米，细管直径11毫米，带有小叶紫檀笔帽。笔管带帽全长18厘米，保护笔头的同时使笔头墨汁不易干涸，起到良好的保湿作用。

笔管制式取法宋代行囊便携小楷笔。笔管内含有针吸式储墨囊，自吸式储墨。笔头为狼毫、兼毫两种，直径8毫米，出锋20毫米。枣核形设计可替换式笔头，再现晋唐古法，取换简易；吸墨后充分固定，不易脱落，完美实现循环使用。针吸式储墨囊，储墨量足，携带方便。吐墨均匀，运转灵活，书写自如，久用不乏力，水枯而墨不竭，解决了旅行途中书写的不便。适合用于抄经、创作小楷、手札、宋元风山水画等。吸墨一次可书写小楷300字余。笔头写秃之后，可另行更换笔头，不用整支丢弃，循环使用。该笔堪称旅行途中、户外写生、文人雅集的必备利器。

◎ 古法鸡距笔（一）◎　　◎ 古法鸡距笔（二）◎

　　魏晋至隋唐时期，毛笔的形制以笔锋短粗而硬劲为主要特点，其中最著名的就是鸡距笔。鸡距笔因笔头的形状像鸡爪后面突出的脚趾而得名。白居易的《鸡距笔赋》中说："不名鸡距，无以表入木之功。"鸡距笔延续了魏晋的缠纸法制作。缠纸法可以固定笔根，主要在于塑型。用麻纸或丝绢缠住笔根，遇水不涨。在散卓法创作之前，由于原料及工具限制，为了合理塑造出毛笔的圆锥形体，不得不借助外在的手段来弥补笔根的厚度，故用缠纸法。

　　此笔为戴月轩第五代传承人王后显老师查阅古籍，根据日本正仓院现保留的唐代鸡距笔原貌，等比例复制。此笔采用优质紫毫、狼毫制作笔头，天然红湘妃竹做笔管，应用古代缠纸法制作而成，百分之百还原古代鸡距笔。镂空湘妃竹笔帽设计，古朴美观。纯手工制作，丝线捆扎。笔管尾端的锥状设计，是用来画线打暗格用的，体现出古人的智慧和想象力。笔管相比现代毛笔要短粗，适合古人席地而坐，在矮的案几上三指执笔书写。笔头短粗饱满，锋锐健挺，适宜书写魏晋小楷字体。笔头制作采用换头不换笔管的退笔法。为使笔头易拔易插，不能用漆等黏性物固定笔根，因而选择了用麻纸裹住笔根深深地插入笔管以便固定笔头，使蓄墨量有所增加，书写时间增长，书写效果提高。

◎ 戴月轩王后显、滕占敏联袂作品"指点江山"莲蓬斗笔 ◎

"指点江山"由戴月轩湖笔制作技艺第五代传承人王后显、滕占敏联袂制作。作品荣获2021年第二届全国文房四宝创新设计大赛传统组金奖。笔头出锋100毫米,笔斗直径41毫米,笔管长19.2厘米。选取优质细嫩光锋羊毫,采用湖笔传统配锋技艺。笔头为莲蓬形状,中间大孔,四周小孔,通气又聚锋。紫檀木做成笔斗和笔顶,笔管老青竹上由传承人滕占敏篆刻毛泽东诗词《沁园春·长沙》。作品立意新颖,将中国传统诗词文化、书法艺术,湖笔制作、篆刻、竹雕技艺等多种元素完美融合,诠释了富有创造力的艺术大雅之美。

参考书目

古籍部分

［周］佚名：《诗经》，四部丛刊三编。

［汉］许慎：《说文解字》，四部丛刊景北宋本。

［南朝］范晔：《后汉书》，四库全书版本。

［晋］崔豹：《古今注》，四部丛刊景宋本。

［晋］葛洪：《西京杂记》，四库全书本。

［明］屠隆：《考槃余事》，明陈眉公订正秘笈本。

现代论著

北京西城老字号传承谱系研究领导小组：《北京西城老字号传承谱系》，北京联合出版社2016年版。

朱友舟：《中国古代毛笔研究》，荣宝斋出版社2013年版。

后记

AFTERWORD

戴月轩老字号企业伴随琉璃厂街走过了百年春秋。戴月轩湖笔制作技艺自戴斌初始,历经五代人的传承,发展至今,着实不易。这其中的心血,只有亲身经历者才能够体会得到。创立之初的艰难,恐怕没有人比戴斌更清楚。一家老字号,能够走过一个世纪,并且屹立不倒,在管理及经营方面必有独到之处。它能创新发展,与时俱进,适应历史发展的潮流,把逐渐退出历史舞台的毛笔制作行业,做强做大。

戴月轩发展百年,在前人湖笔技艺的基础上将之发展并光大。可以说是站在前人肩膀上前行,才有了今日今时的戴月轩。今天编写本书,我作为戴月轩的一员,感到非常荣幸,同时也心怀忐忑、诚惶诚恐,唯恐编写过程中对戴月轩百年发展过程中的重要章节有所遗漏,不能完整展现戴月轩发展的全貌。幸好在编写过程中,得到了戴月轩退休老领导、老同志们及在职技艺传承人们的大力帮助。在此向于天鹫、靳宝刚、陈培新、王后显、滕占敏等技艺传承人表示感谢。是他们的帮助,使我得以在讲述戴月轩的历史、发展历程及同书画名人的有趣故事中,给后人呈现了一个真实完整的戴月轩。同时，还要感谢戴月轩创始人戴斌先生的后人戴占元先生（已故）及戴晓莲女士，感谢他们提供戴斌先生生前的照片及回忆录等珍贵资料。

戴月轩湖笔店由创业之初的三间小门脸发展到今天，着实不容易。它经历了民国初创，到中华人民共和国成立后公私合营，再到改革开放的蓬勃发展，进入新时代后转制经营，进入发展的快车道，一步一个脚印地走来，都留下了历史的烙印。同时，这也说明一切事物的发展都是历史发展的必然结果，顺应历史潮流的发展才能走得更远。

任何一项手工技艺的发展都是在继承传统技法的基础上创新发展，同时适应新时代的需求。脱离了创新的发展都会是一潭死水，但是技术革新不是一味地减少技艺流程就能达到的。

戴月轩老字号发展百年，能形成今日的金字招牌，离不开过硬的产品质量、童叟无欺的诚信经营、令人如沐春风的优质服务以及书画同人的认可。

戴月轩发展一百年，时间并不算长。今后戴月轩人要走的路还很长，只要戴月轩人始终坚守"四德"精神，就有信心让老字号走得更为久远。

戴月轩企业希望能留下更多的精神财富给后人，把中华传统文化及非遗手工技艺传承下去。道路虽然崎岖，戴月轩人依然在路上。

"苟日新，日日新，又日新"。

路在何方？路在脚下！

白文冲

2020年10月10日写于北京戴月轩晴窗下